JN155602

The stories of the Kosoado woods.

水の森の秘密

岡田 淳

理論社

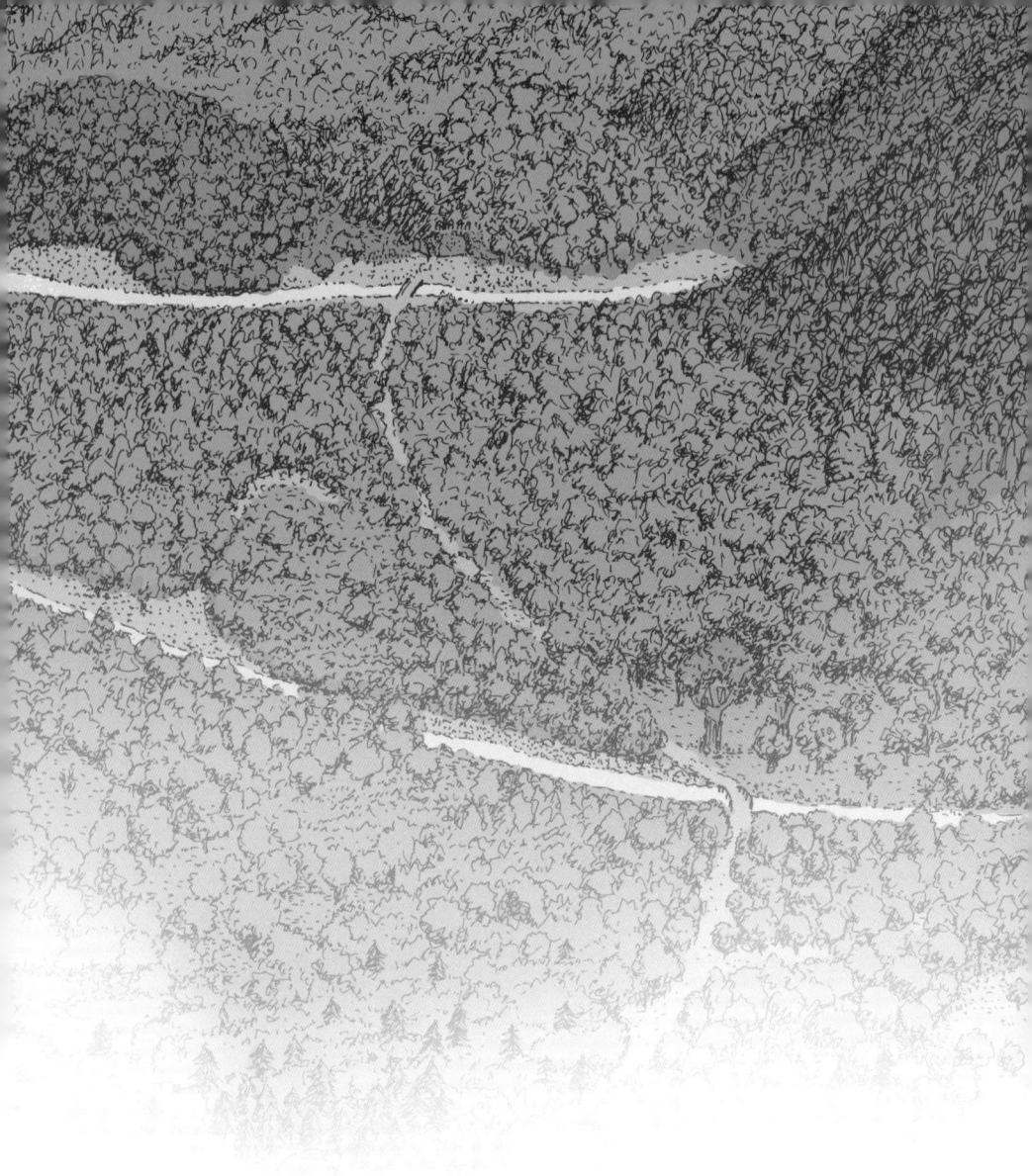

この森でもなければ
その森でもない
あの森でもなければ
どの森でもない
　こそあどの森　こそあどの森

スキッパーは博物学者の**バーバさん**といっしょにくらしているが、バーバさんはしょっちゅう旅に出かけるので、ほとんどひとりぐらし。家はウニをのせた船のように見えるのでウニマルとよばれている。

スキッパーは本を読んだり、化石をながめたり、星を見たりするのがすき。ウニマルのトゲの一本は望遠鏡(*)だがそれは北の星をながめるために使う。

トワイエさんは作家。木の上の屋根裏部屋にすんでいる。この家は嵐でどこかからとんできた。

トワイエさんは物語のアイデアを思いついたら、わすれないように、その場でメモをする。

スミレさんと**ギーコさん**は丘に半分うもれたガラスびんの家にすんでいる。

姉のスミレさんはハーブにくわしい。森でいろんな草を採ってくる。弟のギーコさんは大工さん。大きな仕事は作業小屋で、小さな仕事はガラスびんの家でする。

こぞうどの森に すむひとたち

ふたごは湖の島にある巻き貝の家に すんでいる。
くらしのほとんどが遊び。食べるものも おかしのようなものばかり。自分たちの名前さえ 気分しだいで ときどきかえてしまう。ヨットをあやつるのは とてもじょうず。

ポットさんと**トマトさん**は夫婦。
ふたりは 湯わかしの家に すんでいる。ポットさんは 畑仕事が、トマトさんは料理がすき。ふたりで森に木の実やきのこを採りにいく。どっさり採れたら、干して地下室にためておく。
湯わかしの家には大きなテーブルがあって、ふたりはもてなしずきだから、森のみんなは、この家によく あつまる。

もくじ

1 プニョプニョタケのパーティー 8
2 せっかくつくったのだから 25
3 ポットさんは床を救う 38
4 プルンとキラリ 53
5 ウニマルは船になる？ 62
6 調査隊員を募集しています 81
7 モグラやミミズになってもいいつもり 100
8 そういうことは、はやくいってくれよ 118
9 ヨットのなかは、すっきりしていない 133

10 こんなの見たことがない 147
11 ちょっと、それ、かしてくれない？ 159
12 ああ、じれったい 176
13 サラマンドラのぶんだから 192
14 それからあとのこと 210

1　プニョプニョタケのパーティー

七月の、ある日のことです。

こそあどの森にすんでいるおとなも子どもも、湯わかしの家に集まっていました。

湯わかしの家は、そそぎ口を上にした湯わかしを、半分ほど土にうめたかたちをしていて、ポットさんとトマトさんの夫婦がすんでいます。ふたりはもてなし好きで、広い部屋には、おおきなテーブルがあります。

そのおおきなテーブルのまわりに、ポットさん、ギーコさんとスミレさん、トワイエさん、ふたごの女の子、スキッパーがすわっていました。それぞれの前におかれたお皿に、トマトさんがスープを配っています。

「ああ、いいにおいですね」

トワイエさんがいいました。ふたごがぶんぶんとうなずきます。

スキッパーも、このなんともいえないにおいに、こころをうばわれました。

――なんのにおいだろう？

いままでに、かいだことのないおいしそうなにおいです。

「どうぞ、めしあがれ」
配りおわって席についたトマトさんの声で、みんなはスプーンを手にとりました。
スキッパーはひとさじすくって口にふくみ、目をまるくしました。これはなんといえばいいのでしょう。こんなに夢のような、しあわせな味があったなんて……！
「おいしい！」
「こんなの、はじめて！」
ふたごがさけぶようにいいました。
「これは……、まるで……」トワイエさんが、そこまでいって、ぐっとつまって、「んん、ことばになりません」と首をふりました。そしてもうひと口のんで、「もしかして、このスープには、うーん、そう、バターとレモン……も、その、すこし、つかっているのでしょうか？」
と、いいました。
なるほど、バターとレモンか、そんな味かもしれないと思ったスキッパーも、うなずきました。
「それが、つかっていないの。バターもレモンも」
トマトさんがうれしそうにこたえました。トワイエさんはスキッパーと顔を見あわせました。
スープには、やわらかいゼリーのようなものがはいっています。スキッパーはそれをすくい、口にふくんで、かんでみました。ちゅるんと歯がとおると、とろけるようなおいしさが、口のなかにあふれて、広がります。
「ほんとにおいしい！」
「こんなの、ほんとにはじめて！」
ふたごがもういちどさけんでいます。スキッパーもスプーンをはなせません。まだのみおわっていないのに、のみおわるのがおしいと思いました。
トワイエさんがたずねました。
「こ、この、スープにはいっているものは、その、なんでしょうか？」

「おどろいたろう？」ポットさんがうれしそうにいいました。「それがなんだか聞いたら、もっとおどろくよ」

みんながスープをのみおわるのをまって、トマトさんが立ち上がり、むこうにおいていたかごを持ってきました。そしてなかから、めだたない色をした、ちいさめのリンゴぐらいのおおきさのものを、ひとつとりだしました。

「これなの」

「え？」

トワイエさんとふたごとスキッパーは、目をおおきくしました。

「それ、プニョプニョタケ？」

「あの、プニョプニョタケ？」

ふたごがさけんで、腰を浮かしました。

「そう、あの、プニョプニョタケ」

ポットさんがうなずくと、

「えぇー!?」

ふたごがおおげさな声でおどろきました。そんな声をだしたらスミレさんが顔をしかめるんじゃないか、とスキッパーはスミレさんの顔を見ました。でもスミレさんはにこにこしています。

プニョプニョタケといえば、食べられないキノコのはずです。湖や川の近くにはえるキノコで、柄の先にまるい傘、というより頭、があって、頭には突き出たところがいくつもあります。ひっぱると柄から頭だけポロリととれます。ところがその頭の部分ときたら、まるでゴムボールのようで、料理をするどころか、切ることすらできません。ナイフの刃をグニグニと押しかえしてくるだけなのです。煮ても焼いてもかわりません。プニョプニョタケとは、そんなキノコだったはずです。

「んん、ギーコさんとスミレさんは、その、これがプニョプニョタケだと知っていたのですか?」

トワイエさんがふたりにたずねました。ギーコさんもスミレさんも、おどろいているようには見えなかったからです。

「知っているもなにも」とポットさんは秘密をうちあけるように、いいました。

「このプニョプニョタケが食べられることを見つけたのは、スミレさんなんだ」

トワイエさんとふたごとスキッパーは、スミレさんを見ました。

「さあ、どうやって料理法を見つけたか、スミレさんから話してくれなくちゃ」

トマトさんにいわれて、スミレさんはハンカチで口もとをふいてから、話しはじめました。

「二週間ほど前のことよ。うちの前の川にそって、湖のほうへ歩いていたの。すると、いままでかいだことのないにおいが、そう、なんともおいしそうなにおいがしてきたの。

なんのにおいだろうと思って歩いていくと、草むらのなかで、なにかががさわいでいて……。のぞきこんだら、ハリネズミとヒヨドリが、夢中になって、なにかを

かじったりつついたりして食べているじゃない。それがなんと、プニョプニョタケだったの。

ナイフでも切れないはずのプニョプニョタケを、どうして食べられるんだろうって思ったわ。そのとき、はっと思いだしたの。その前の日のことを……。

その前の日、三日間ふりつづいた雨がやっとあがったので、たまった薪の灰を、捨てにいこうと思って……」

この森では、どこの家でも料理には薪ストーブを使っています。薪を燃やしてできた灰は、草や木の肥料になるので、森にまくのです。スキッパーもそうしています。

「で、あたしは、灰をいれたバケツを持って川岸を歩いていて、うっかり木の根につまずいたの。さいわいころびはしなかったけれど、バケツをひっくりかえして、灰をどさ

っとまいてしまったわ。もうすこし遠くにまくつもりだったけど、まあここでもいいかと、そのままにしておいたわけ。その場所というのが、ハリネズミとヒヨドリが食事をしていたところだったの。

ということは、あの灰のせい……？って思ったわ。だってほかに思いあたることがなかったのよ。プニョプニョタケは雨でぐっしょりぬれていた。そこに、灰をどっさりかぶった。そのせいでなにかが変化したのかも……。でも、そんなことがあるかしら……。そう思って、そのプニョプニョタケの近くまでいって、まじまじと見たの。ハリネズミやヒヨドリだけじゃなくて、ちいさな虫も集まっていたわ」

スミレさんは、そのプニョプニョタケを半分だけもらう

ことにしたのだそうです。「頭のまるいところを、ふたつにわけようとしてひっぱると、さくっとちぎれたの。あのプニョプニョタケが、よ。ちぎれるとき、なんともいえない、おいしそうなにおいが、ふわあっとひろがったわ」

毒だときいたことはありませんが、いままでだれも食べたことがないのですから、ほんとうにだいじょうぶかどうか、あやしいものです。虫はともかく、ハリネズミとヒヨドリが食べているからだいじょうぶだろうけど、念のため、持ち帰ったプニョプニョタケをひとかけらだけ、スープにして食べてみたのだそうです。

「もう、びっくりしたわ」と、スミレさんはみんなの顔を見まわしました。「わかるでしょ。とんでもなくおいしかったの。でも、ひと晩待ってみなくちゃと思ったわ。あと

できいてくる毒もありますからね。それから三日たち、一週間たっても、からだはなんともなかったわ。

食べられるんだ、こんなにおいしいものが！　そう思うと、うれしくなっちゃって……」

そこでスミレさんは、こんどは、ほかの場所へいってプニョプニョタケを採ってきたのだそうです。プニョプニョしているだけのゴムのような手ざわりで、なんの香りもなく、ひっぱってもちぎれないプニョプニョタケです。それを、灰をまぜたお湯にひと晩つけておきました。すると翌朝、なんともいえないおいしそうなにおいがして、手でちぎれるプニョプニョタケになっていた、というのです。

「で、これはトマトさんに教えてあげなければと思った、というわけなの」

長いスミレさんの話がおわると、ちぎったプニョプニョタケと香草をいためたものが出てきました。べつのお皿にパンもついています。パンにのせて食べるのです。

「これもおいしい！」

「こんなのも、はじめて！」

ふたごが、またおおきな声でいいました。

「いや、これはまた、いい味がでていますね！」

といったトワイエさんは、うなずくギーコさんと目があいました。

「おや、ギーコさんも、こうやって食べるのははじめてなんですか？」

「はじめて食べる」

ギーコさんがいうと、トマトさんがうれしそうにうなずきました。

「わたしとスミレさんで、プニョプニョタケを使った料理をいろいろ考えたの。これもそのひとつ」

スミレさんがつづけました。

「とてもかんたんな料理もあるのよ。あとで教えてあげるから、たのしみにしておいて。トワイエさんやスキッパーにもつくれる料理とか……」

トマトさんがふたごのほうを見ながら、つけたしました。

「あなたたちがつくりたくなるデザートも考えたのよ」

つぎに出たプニョプニョタケステーキは、厚めに切ったプニョプニョタケに塩をふって焼いたものです。スープのときとはまたちがうおいしさです。クレソンのサラダもそえてあります。

「なるほど。うん、これなら、仕事のあいまに、さっとつくれる」

と、トワイエさんはよろこびました。スキッパーも、ぼくにもつくれるなと思いました。

デザートは、プニョプニョタケの砂糖煮を冷やしたものです。もちろんふたごは

「とってもおいしい！」

「こんなにおいしいの、はじめて！」

と、さけびました。

「ほんとはシャーベットにしようと思ったんだけど、このところうちの地下二階があまり冷えないのよ」

と、トマトさんがいいました。湯わかしの家の地下二階は、夏でもシャーベットがつくれるほど冷たいと、スキッパーも聞いたことがあります。

「地下でなにか変わったことがおこったのかも……。でも」といって、トマトさんはふたごを見ました。

「あなたたちのところでも凍らせるのは無理だから、

シャーベットにならなくて、ちょうどよかったわね」

ふたごは

「これで、いい」

「これが、いい」

と、にこにこうなずきました。

プニョプニョタケは、水辺にいけばすぐに見つかりますし、料理用ストーブの灰はどの家にもあります。ですから、だれにでもかんたんに料理できます。

食べおわって、トワイエさんがいいました。

「いやあ、ぼくはヒトと食べものについての、その、すごい場面に、ええ、立ち会っているように思いますよ。んん、いままで食べられなかったものが、そう、ある工夫で、おいしく食べられるようになる。これこそ、文化というものですね、ええ」

「まあ、おおげさ」

スミレさんが肩をすくめました。

「いやいや」とポットさんがいいました。「これは自慢していい。すごいことだと思うよ。そのすごい場面のために、ぼくもひと役かっているんだ。プニョプニョタケを集めてきたんだからね。このプニョプニョタケのいいところは、保存がきくってところでね、灰の汁につけさえしなければ、ずっともつ。だから、ぼくはたっぷりふた樽ぶんもプニョプニョタケを集めたよ」

ポットさんはうれしそうでした。

トマトさんはスキッパーにメモをわたしてくれました。

「これは、スキッパーのための料理法よ。トマトスープの缶づめをなべにあけて、ちぎったプニョプニョタケをいれるだけ。やってみて」

スキッパーは、

——よし、ぼくもあしたプニョプニョタケを採りにいくぞ。

と、思いました。

2　せっかくつくったのだから

それから二か月ほどたった、九月のことです。

その日は、ガラスびんの家で、こそあどの森にすむおとなたちが、いっしょに食事をすることになっていました。

ガラスびんの家は、おおきなガラスびんが、うしろの丘に半分うまっている家です。うまっていないところが窓で、窓にはツタがしげっています。ガラスびんの家には、スミレさんとギーコさんがすんでいます。ふたりは姉と弟で、スミレさんは薬草のことにくわしくて、ギーコさんは大工さんです。

その日の午前中、スミレさんはほしぶどうとハーブいりのミートパイをつくり、ギーコさんは部屋にかざる花をつみにでかけました。

ポットさんとトマトさん、そしてトワイエさんが、バスケットや袋、紙包みをかかえてやってきたのは、お昼前です。

「こりゃあ、なんだろう」

と、入り口で足をとめ、ポットさんがいいました。

入り口の横に、ずんぐりとしたおおきな円柱形のものが、防水布でくるんであったからです。

「うーん、おおきくてまるい……。テーブル、でしょうか……」

と、トワイエさんが首をひねりました。

「風呂桶かもしれないな」

と、ポットさんがいいました。

「なんにせよ、家にはいらなかったから、おもてにおいてあるのよ。きっと」

と、トマトさんがいったとき、ドアがあいてギーコさんが顔を出しました。

「それがなにかは、あとで話すということで……」

と、ギーコさんはみんなを招きいれました。話し声が聞こえていたようです。

三人は入り口をはいったところで、ギーコさんが用意したスリッパにはきかえました。それまで三人ともゴムの長靴をはいていたのです。

さっそく食事がはじまりました。

まず、トワイエさんが持ってきたワインで乾杯しました。つぎに、トマトさんがつくったトマトとレタスのサラダが出ました。そしてスミレさんがつくったハーブのきいたプニョプニョタケのスープと、ほしぶどうとハーブいりのミートパイ、さいごにポットさんが運んできた冷たいイチジク、とつづきました。

食後のコーヒーをのみながら、どれもすばらしくおいしかったと、みんなはいいあいましたが、ポットさんは残念そうに、首をふりました。

「いや、ぼくはイチジクでシャーベットをつくろうと思ったんだが、最近うちの地下二階があんまり冷えなくてね。凍らなかったんだ」

「二か月前も、たしか、そう、トマトさんがそんなことをいっていましたね」

と、トワイエさんがいうと、ギーコさんが腕をくんで、

「なにかが、おかしい……」

と、首をひねりました。

「ああ、ここ何十年も地下二階が冷えないなんてことはなかった」
ポットさんがうなずくと、ギーコさんは
「うん、それに……」
と、いいかけました。それに?と、みんなはギーコさんの顔を見ました。
「いや、きょうのためにかざる花をつみにいったんだが……」
ギーコさんが話しはじめると、トマトさんがかざってある花をふりかえって、笑顔でいいました。
「きれいな花じゃないの。なんていう花?」
ギーコさんはまじめな顔でこたえました。
「サワシロギク」
「それが?」
ポットさんがうながし、ギーコさんがつづけました。
「うん。ぼくは、毎年九月の集まりにはコスモスをかざると、決めていたんだ。け

れど、さがしても、どこにもコスモスがない。さいていたのは、このサワシロギクだけ。これは湿地帯にさく花なんだ」

「そういえば、見ないな、コスモス」

ポットさんがうなずき、ギーコさんがつづけました。

「前にみんなでサクラを見にいった窪地をおぼえているかな。あのサクラの窪地、いまは水がたまっている。池のなかにサクラの木が一本立っているんだ。みょうなけしきだ。それになによりも、地面。スポンジみたいに、歩くたびに水がしみ出してくる。ゴムの長靴でなければ歩けない」

みんな、「たしかに……」と、うなずきあいました。

「おかしい、といえば」トワイエさんがいいました。「夏の暑さと大雨、この何年か、んん、ひどいですね。とくに、そう、今年はひどかった」

「おかしい、といえば」ポットさんも同じようにいいました。「最近、ネズミやヘビが穴から出て、移動しているのをよく見かけないかい」

トワイエさんが、「あ」と思いだしました。
「三、四日前に、いっせいに、山の上のほうに走っていくネズミを、何十匹も見ました。ええ」
「なにかの異変を感じているのかもしれないな……。それと同じかどうかわからないけど、ねえさんも、なにか感じているみたいなんだ」
ギーコさんがいうと、あ、その話をするの？という顔をして、スミレさんはちいさくためいきをつきました。
「おもてにあるおおきなものは……」
と、ギーコさんがいったとき、ポットさんもトマトさんもトワイエさんも、そうそう、その話を聞くんだった、と思いだしました。ギーコさんは、みんなの顔を見まわしていいました。
「あれは、コルクなんだ」
「コルク……？」

ポットさんがくりかえします。
「ガラスびんの家で……、んん、コルクというと……、まさか、その……」
トワイエさんが口ごもると、ギーコさんはうなずきました。
「その、まさか、なんだ」
「ええ?」トマトさんが口をあんぐりあけました。「びんの……家の……、栓なの?」いったあとで笑いだしました。
ポットさんもトワイエさんも笑いかけたのですが、ギーコさんとスミレさんがまじめな顔をしているので、笑えませんでした。やがて、トマトさんもまじめな顔になりました。
みんながまじめな顔になったところで、ギーコさんが話しはじめました。
「先月、巨大コルクが手にはいったんだ。ぼくは揺り椅子をつくろうと思ったんだけど、そのコルクを見たとたん、ねえさんが、家の栓をつくらなきゃいけないっていったんだ」

「どうして、家の栓をつくらなきゃいけないの？」
トマトさんがちょくせつスミレさんにたずねました。
「ううん……」スミレさんはすこし首をかしげていいました。「どうしてかといわれても……。とにかく、そう思ったのよ。つよく、そう思ったの」
トワイエさんが首をかしげながら、たずねました。
「あのう、ワインの栓なら、その、ワインがこぼれないために、それから、そう、そとの空気がワインにふれないように、という役目をしていますよね。スミレさんの、その、家の栓というのは、なにかをとじこめるためのものですか？　それとも、なにかがはいってこないためのものですか？」
スミレさんも首をかしげました。
「それが、わからないのよ。とにかく、栓をつくらなきゃいけないって思っただけで……」
うーん、とみんな考えこんでしまいました。

「スミレさんは、んん、ときどき、わかるはずのないことを、その、わかることがありますからねえ」

みんなが思っていることを、トワイエさんが代表していいました。そんなことがなんどかあったのです。いまトワイエさんがすんでいる木の上の屋根裏部屋が、たつまきでこの森に飛んでくる前にも、スミレさんは、なにかおおきなプレゼントがトワイエさんにとどくような気がする、といっていました。

「でも、おおさわぎして、なにもおこらなかったこともあるわ」

スミレさんが小声でいうと、

「あった、あった」と、トマトさんがうなずきました。「ピクニックに出かけていて、『どしゃぶりの雨になる』ってスミレさんがいうものだから、みんなおおいそぎで帰ったら、全然ふらなかったってことがあったわね」

スミレさんはちろりとトマトさんを見て、肩をすくめました。

ギーコさんがつづけました。

「ぼくもそんなものが必要になるとは思えなかったんだけどね、家の栓をつくってねえさんが落ち着くんだったらと思って、揺り椅子をあきらめた」
「ねえ！」スミレさんがきゅうに背筋をのばしていいました。「きょうは人手もあることだし、いまから、家に栓をしてみない？」
——え？
と、みんなはスミレさんの顔を見ました。スミレさんは、なんだかいきいきとしています。
いちばん笑ったトマトさんが賛成しました。
「おもしろいじゃない。せっかくつくったんだから、やってみましょうよ。いちども使われないなんてことになったら、コルクもかわいそうだわ」
「あのう……」ポットさんがスミレさんを見て、たずねました。「栓をするのは、そとからだよね。栓をしたひとは、ずっとそとにいるのかい？」
「あ、それはだいじょうぶ」ギーコさんがうなずきました。「この家には、あかりとりをかねて、空気抜きの穴がいくつかあるんだ。そこからはいってこられる」
「その穴は、わたしも通れる？」
トマトさんがたずねました。
「通れると思うけど……」
ギーコさんはトマトさんを見て、いいました。
「きょうのところは、ぼくたち男連中が栓をしようか」
「じゃあ、あたしたちは空気抜きの穴の扉をあけておくわ。二階の物置部屋の空気抜きがいいわね」
スミレさんが立ち上がりました。
「え、いますぐに、かい？」
ポットさんが、残っていたコーヒーをいそいでのみました。

3　ポットさんは床を救う

ギーコさんとポットさんとトワイエさんは、ゴム長靴にはきかえて、ドアのそとに出ました。

「水っぽい地面には、にあわないほど、うん、いい天気ですねえ」

トワイエさんがつぶやきました。たしかに、気持ちのいい青空です。

ギーコさんが防水布をとると、コルクがあらわれました。それはまさしくびんの栓でした。

「これ、けずってつくったのかい？」

と、ポットさんがいうと、ギーコさんはうなずきました。

「びんの口をはかって、けずって、みがいて、ね。すこしおおきめにつくってある」

「おおきめだと、その、はいらないんじゃ、ないですか？」

トワイエさんが首をかしげると、ポットさんがいいました。

「コルクの栓というものは、おおきめでちょうどいいんだよ」

三人はコルクの栓を、びんの口にあて、ちからをあわせて押しこみました。すこしだけはいりました。ぴったりのかたちです。
「もっとはいるはずなんだ」
ギーコさんがいって、三人はもっとちからをこめました。体重をかけてぐっと押すと、びんの口にはいりこむコルクがこすれて、キュッと音がします。
ぐっ、キュッ、ぐっ、キュッ、ぐうっ、キュウッ、ぐぐうっ、キュキュウッ……。
なんどもちからいっぱい押しこんだので、もう、ぐぐぐうっと押しても、すこしもはいらなくなりました。
「これでいいだろう」
と、ギーコさんがうなずきました。
「いやいや、うまくぴったりにつくれるものですねえ、ええ」
トワイエさんが感心しました。
三人がガラスびんの家におおいかぶさっている丘をのぼると、いちばん手前の空

気抜きの穴のふたがあいていました。スミレさんがあけておいてくれたのです。ふたは二重になっていて、雨や雪をふせぐ屋根の下に、虫や動物がはいらないよう網戸がついています。

三人は、穴のなかについているはしごを通って、物置におりていきました。最後にギーコさんがふたを閉めて、おりました。物置の床には、はきかえられるように、スリッパが用意されていました。

「こんな感じになるのね」

スミレさんがうれしそうにいいました。

「こんな感じって……、さっきと変わらないように思うがなあ」

ポットさんが肩をすくめました。ここからドアを見ても、ドアの窓にコルクが見えているだけなのです。

「さっきと全然ちがうわよ」

スミレさんだけがうれしそうです。
三人がコルクを押しこんでいたあいだに食器がさげられ、ハーブティーの用意ができていました。
「どうぞ」
と、トマトさんが、持ってきたクッキーを出しました。
「これで、わたしたちは〝ふたをされたびんのなかのジャム〟のようなものね」
と、スミレさんが、たのしそうにいいました。
そのとき、トワイエさんが、
「ああっ！」
と、声をあげました。トワイエさんは窓のそとを見ています。みんなも窓のそとを見ました。
「あ……！」
「お……！」

だれもが、ことばにならない声をあげました。

さっき三人がコルクの栓をしたときは、まだ地面に緑の草が見えていました。

それがいつのまにか、あたり一面、水になっているのです。しかも、水はじっとしていません。

「あっちからも、こっちからも、水が……、わきでている……！」

トマトさんがのどの奥でつぶやきました。

「そこらじゅうが、泉のようだ……！」

トワイエさんがぼうっとした調子で、つづけました。

ガラスびんの家から川までのあいだだけでも、十か所以上の場所から水が湧きあがっているのです。

湧きあがった水はもりあがって広がり、川に流れこみます。つぎからつぎにあたらしい水が湧きあがって、つぎからつぎに川に流れこんでいるのです。

しばらくのあいだ、みんなは口もきけずに、湧きあがり、流れる水を見ていました。

「こんなことがおこるなんて……」

ようやく、ポットさんがつぶやきました。

「ど、どうして、こんなことに、なるのでしょう」

トワイエさんもつぶやきましたが、だれもこたえられません。

「これは、このあたりだけのことだろうか」

ポットさんが低い声でいうのを聞いて、ギーコさんが二階へいく階段をのぼって、遠くを見ました。

「むこう岸でも……」ギーコさんがそこでことばをきって、「お！」と声をあげました。

いままで水が流れこんでいた川がいっぱいになって、あふれ、そのあたりに水がたまりはじめたのです。

「ということは……」トワイエさんが、自分でも信じられないという調子でいいました。「ここまでずうっと、湖になってしまった、ということですか」

トワイエさんのことばで、みんなは、これはたいへんなことがおこっているのだと思いました。トワイエさんはつづけました。

「でも、栓をしたのですから、このガラスびんのなかには、水は、その、どこからも、んん、はいってこないわけですね。ええっと……、その、すくなくとも、いまのところは」

それを聞いてギーコさんが、

「あ！」

と声をあげ、炊事場と風呂場、それからトイレの排水のバルブを、あわててしめにいきました。水を流す穴から、水がはいってくるかもしれないからです。

もどってくると、ギーコさんはみんなにいいました。

「このあと水を流す用事は、すべて空気穴をのぼって、そとでやってもらわなければいけないね」

「びんづめのジャムになるっていうのも、その、不便なものですね」

と、トワイエさんがいいましたが、だれも笑いませんでした。

水はどんどん増えていきます。

「スキッパーやふたごはどうしているかしら……」

トマトさんがつぶやきました。

「心配だけど、見にいくわけにはいかないな」ギーコさんもつぶやくようにいいました。「この水じゃ、足をとられてしまう」

みんながあっけにとられているうちに、どんどん水かさは増えてきて、とうとう窓のところまで水面がきました。

「スミレさん！」思いだしたようにポットさんがいいました。「こうなるって、わかっていたのかい？」

そうです。もしもコルクの栓をしていなければ、いまみんなは家のなかで、ひざのあたりまで水につかっていたところだったのです。

みんなの視線をうけて、スミレさんは白い顔で左右に首をふりました。スミレさんがいちばんおどろいているように見えました。

「あたしは、ただ、どうしてかわからないけど、栓をしなくちゃって思ったの。こうなることがわかっていれば、たとえひとさわがせっていわれても、みんなにいってるわ」

「そりゃ、そうですね。ぼくのところは、そう、木の上ですけど、湯わかしの家なんかは……」

トワイエさんがそういったとたん、ポットさんはきっぱりといいました。

「ぼくはいますぐ、うちに帰る」
そして、空気穴にむかう階段のほうへ行きかけました。
「だめ！」
「だめよ！」
「だめです！」
「むりだ！」
ほかの四人が同時にいって、ポットさんをとめました。
ポットさんの顔が、赤くなりました。
「だって、ぼくはきょう家を出るときに、地下室が湿っぽくなっているから空気をいれかえようと思って、地下室の入り口をあけたままにしてきたんだ。いまごろきっと地下室に水が流れこんでいるよ！」
「いかないでちょうだい！」

と、トマトさんがいいました。
「きみがだいじにたくわえているものが、だめになっちゃうんだよ！」
と、ポットさんがいいかえしました。
「そんなものはいいの！」
と、トマトさんがいいました。
「ここにいれば、安全よ」
スミレさんがいうと、トワイエさんもうなずきました。
「スミレさんが安全だというってことは、その、安全なんです。ええ」
「しかし……」
というポットさんに、ギーコさんがしずかにいいました。
「ぼくだって、どれほど作業小屋においてあるものが気になるか……。つくりかけの椅子、のこぎり、かなづち、のみ、材料の木材、釘、図面や筆記用具……。ぬらしたくないものばかりだ。でも、もう……、全部ぬれてしまっただろうな……」

ポットさんはうなだれて、椅子にすわりました。
「それに」と、ギーコさんがつづけました。「もしも湯わかしの家の地下室の入り口がしまっていたら、床にたまっていく水の重さで床がこわれてしまうと思うよ」
ポットさんは、ためいきをついていいました。
「すると、ぼくは、床を救ったわけだ……」
「そうよ、ポットさん。床を救ってくれて、ありがとう」
トマトさんがしゃがんで、ポットさんにキスしました。

4 プルンとキラリ

湖の島に、巻き貝のかたちの家があります。すんでいるのはふたごの女の子です。どんな女の子たちかというと、ヨットの操縦がじょうずで、お菓子のようなものばかり食べ、遊びのようなくらしをしている女の子たちです。自分たちの名前さえ、ときどき変えてしまいます。いまはプルンとキラリという名前です。

ふたりがいつプルンとキラリになったかというと、七月のプニョプニョタケパーティーのあと、ふたりでプニョプニョタケをさがしにいったときのことです。

はじめに五つ採りました。いくらでも採れると思っていました。でも、それからあと、ぱったり見つからなくなりました。どこにでもあると思っていたプニョプニョタケが見つからないのです。だれかが採ったあとばかりをさがしたのかもしれません。

湖を水辺にそって歩きながら、

「どこにでも、ポロッとあるはず」

と、ひとりがいいました。するともうひとりが、

「ひょいとふりかえれば、ピロッとあるはず」
と、いいました。これまではほんとうにそうだったのです。
とくにめだつ色合いではありませんが、しょっちゅう見かけるキノコでした。せっかくおおきなバスケットをひとつずつ持ってきたのに、まだ五つしか採れません。
「ふと見れば、プルンとあるはず」
と、ひとりが適当に地面を指さしました。すると、ほんとうにプニョプニョタケがプルンとありました！　ふたりは「わ！」と顔を見あわせました。

もうひとりもやってみました。
「見わたせば、キラリとひかるはず」
と見わたせば、ほんとうにキラリとひかって、またひとつ！
ふたりはまた「わ！」と顔を見あわせました。
おもしろくなって、なんども
「ふと見れば、プルン……」

「見わたせば、キラリ……」
と、いいつづけましたが、そうそうつごうよく見つかりません。
——だめだ。
と、顔を見あわせたとき、ひとりが
「プルン……？」
もうひとりが
「キラリ……？」
と、つぶやきました。その音の感(かん)じが気にいったのです。
とつぜんひとりがいいました。
「これからわたしを、プルンと呼(よ)んで」
もうひとりもいいました。
「これからわたしを、キラリと呼(よ)んで」
こうして、いまのふたごの名前はきまりました。こんなやりかたで、ふたごはプ

ニョプニョタケを、ようやく十個ほど見つけて採りました。

＊　＊　＊

さて、こそあどの森のおとなたちがガラスびんの家に集まった日のことです。

プルンとキラリは巻き貝の家の、いちばん上の階で、プニョプニョタケのジャムをつけたビスケットとお茶の昼食を楽しんでいました。

湖は、からりと晴れた九月の空と、まだ紅葉のはじまっていない森の木々をうつしています。

水は澄みきって、島と岸をつなぐ桟橋の、くいの根元を泳いでいくサカナの列まで、はっきり見えます。

「ん？」

プルンが首をかしげました。

「なに？」

キラリがたずねました。
「水がふえている」
「水が？」
「水が」プルンはうなずきました。「桟橋の渡り板は、水面からもうすこしはなれていたはず」
「まさか」と、キラリは肩をすくめました。「大雨がふったのは十日もまえ」
キラリがそういったのは、一年前にも同じように水位があがったことがあったからです。それは大雨のせいでした。流れてきたたくさんの木や草が、湖の出口にはさまって、水をせきとめてしまったのでした。でもそれは雨がふっている最中のことで、雨がやんで十日もたってからのことではありません。
あのときはたいへんでした。水は玄関まではあがりませんでしたが、ヨットが水船になってしまったのです。水船というのは、すっかり水につかってしまった船のことです。岸壁にみじかいロープでしっかりとめてあったせいで、水面に浮かんでいられなかったのです。それだけではありません。
あのときは、桟橋の渡り板も、ぜんぶ流されてしまいました。
「たしかに、水がふえてる！」
と、渡り板のあたりを見ていたキラリがいいました。
「わたしがいったとおり？」
「プルンがいったとおり。でも、どうして？」
「あのときみたいに、湖の水の出口になにかがはさまったのかも」
キラリはひとさしゆびを立てました。
「クジラがはさまった！」
プルンもひとさしゆびを立てました。
「ゾウがはさまった！」

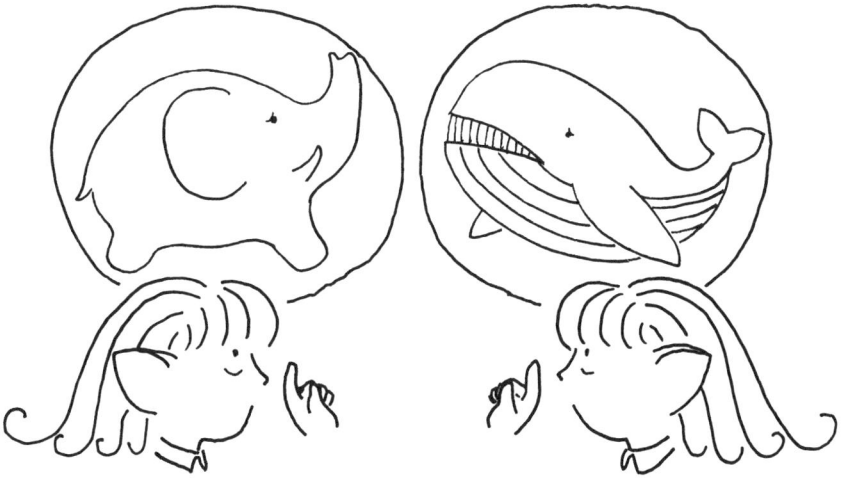

ふたりは笑いあったあと、もういちど下を見ました。もう渡り板のすぐ下まで水がきています。どうやらすごいはやさで水面があがってくるようなのです。ふたごは顔を見あわせました。

渡り板はだいじょうぶのはずです。ギーコさんとポットさんが、また水位があがってもだいじょうぶなように、新しい渡り板をくいにロープでつなぎとめてくれましたから。でもヨットのほうは、このままにしておいたら、また水船になってしまいます。

すぐにヨットのところまで下りていきました。玄関のドアをあけたときには、もう水は渡り板のところまできていました。

「たいへん」

「たいへん」

ふたりはおおいそぎで、長いロープをいちばん上の階まで持っていきました。ロープのはしをじょうぶな手すりにしっかり結びつけて、窓から投げおろすと、下へおりて、もういっぽうのはしをヨットに結びつけました。それから、いままでヨットをつないでいたロープを全部ほどきました。

そのあと、玄関の扉をきっちり閉じました。家の窓もきっちり閉じました。巻き貝の家の扉と窓は、潜水艦のようにがんじょうにできています。ふだんの開け閉めはめんどうでしたが、こんなにがんじょうにできていてよかった、と思いました。

水面はじわじわとのぼってきました。

5　ウニマルは船になる？――

湯わかしの家から十分ほど南に歩くと、広場があって、そのまんなかに家があります。ずんぐりした船に、とげのあるウニをのせたように見えるので、ウニマルと呼ばれています。

ウニマルにすんでいるのは、博物学者のバーバさんと、スキッパーという男の子です。といっても、バーバさんは研究のためにしょっちゅう旅をしていますから、たいていスキッパーがひとりでくらしています。いまもバーバさんは西の島に出かけていて、絶滅が心配されているワライウサギの調査中です。

スキッパーはひとりでくらすのがきらいではありません。楽しいことがいっぱいあります。バーバさんは博物学者ですから、ウニマルにはたくさん本があって、石や貝や化石の標本もあります。それに、ウニマルのとげのひとつは望遠鏡です。スキッパーは、本を読んだり星や標本をながめたりするのが大好きなのです。

森のなかを歩くのも好きです。天気がいい日には、かならず散歩をします。

二か月前、プニョプニョタケパーティーがあったつぎの日も散歩をしました。

その日は、トワイエさんの屋根裏部屋の家のあたりから川にそって湖のほうにくだり、湖に出てからは岸を歩き、ガラスびんの家に出る川にそってのぼりました。手には袋を持っていました。そうです。ずっと水辺を歩いて、プニョプニョタケをさがしていたのです。

プニョプニョタケは思ったほどは採れませんでした。がんばってさがして、ようやく七個だけ採れました。

ウニマルにもどると、さっそくそのひとつを、ストーブの灰をいれたお湯につけておきました。

つぎの日、とりだしてよく洗うと、きのうとは全然ちがいます。やわらかくなっているのです。いいにおいもします。半分にちぎってみました。かんたんにちぎれます。それぞれもう半分にわけました。その日は四分の一だけ使うつもりです。

あとの三切れは、水を張ったボウルにいれて、倉庫の地下の、冷やしておくもの

をいれるところにいれておきます。そういうふうにすれば、灰につけたものでも一週間はもつと、トマトさんが教えてくれたのです。

四分の一のプニョプニョタケを、こまかくちぎりました。トマトさんがくれたメモに、「ナイフで切るより、ちぎったほうが香りがいい」と書いてあったのです。

トマトスープの缶づめをなべにあけ、そこにちぎったプニョプニョタケをいれ、あたためました。いいにおいがひろがります。スキッパーはごくりとつばをのみこみました。

食べてみて、そのおいしさにおどろきました。もともとトマトスープはスキッパーの好物です。でも、プニョプニョタケいりのトマトスープは……、なんといったらいいのでしょう、ことばにならないほどのすてきな味になっているのです。

あまりおいしかったので、スキッパーはバーバさんに手紙を書こうと思いました。カレンダーを見ると、あと二日で郵便配達のドーモさんがやってくる日です。

こそあどの森は、町から歩いて半日かかるほど離れていますから、気軽に手紙を出すというわけにはいきません。そこで町の郵便局のドーモさんが、毎月決まった日に、たとえ配達する郵便物がなくても来てくれるのです。

スキッパーは手紙にこんなことを書きました。

スミレさんがプニョプニョタケの料理法を見つけたこと。それがすごくおいしくて、スキッパーにもかんたんに料理でき、保存もかんたんなこと。みんながプニョプニョタケをどんどん採ったせいか、最近は水辺でプニョプニョタケを見つけるのがむずかしいこと。でも保存ができるので、こんどバーバさんがもどったら、とてもおいしいプニョプニョタケ料理を食べさせてあげようと思っていること――。

二週間たって、バーバさんから返事がきました。配達があるときは、ドーモさんはそのつど持ってきてくれます。スキッパーへの手紙だけのために半日かけてやってきて、あとの半日で町にもどるのです。

八月の暑い日のことでしたから、わるかったなあ、とスキッパーが思ったのを、ドーモさんは気がついたらしく、

「ぼくは、こそあどの森にくるのが好きなんだよ」

といって、笑いました。

バーバさんの返事には、こう書かれていました。

スキッパー、元気そうでなによりです。
プニョプニョタケのことはびっくりしました。食べるのをたのしみにしています。
わたしはいま、ワライウサギという動物が絶滅しかけている理由をしらべています。
はっきりしているのは、ワライウサギがおもに食べているワライタンポポがとてもすくなくなっているということです。
で、ワライタンポポがすくなくなっている理由ですが、いままではよその島からやってきたナキタンポポがふえたからだと考えられてきましたが、どうやらそれだけではないようなのです。
というのは、ほかの島ではワライタンポポとナキタンポポが助け合うように、たくさん育っているのがわかったからです。この島のワライタンポポがすくなくなっているのは、もっとほかのいろいろな理由がかさなっているようです。
ものごとというのは、さまざまな理由がかさなって、おこっているということを、あらためて思いました。
そんなことを研究しているものですから、こそあどの森のひとがプニョプニョタケを採りすぎて、だれかがこまらないのかしら、なんて思いましたよ。
では、元気で。
八月十一日　ワライ島にて　バーバより

いままでだれも採らなかったものなんだから、採ったってだれもこまらないのじゃないかなあ、とスキッパーは思いました。

ガラスびんの家におとなたちが集まっていた、九月の天気のいい日も、スキッパーは午前中、森を散歩していました

空は青く、陽の光がふりそそぎ、おだやかな風が吹いています。

でも、スキッパーはどこか気分が晴れません。今年の九月の森は、去年までの九

月の森とは、ちがっているからです。

やけに森が水っぽいのです。雨上がりに水っぽいのなら、それはそれで楽しめます。けれど、ここ十日ほど雨はふっていません。それなのに土がぬれていて、あちらこちらに水たまりさえできています。ゴム長靴でなければ歩けません。

なんとなくすっきりしない気分でウニマルにもどってきて、おどろきました。

ウニマルのまわりの広場が、半分ほど、水たまりになっていたからです。

注意して見ていると、水たまりのあちこちから水がもりあがってきています。地下から水が湧き出しているのです。きれいにすきとおった水が、つぎからつぎに湧きあがってきます。

——これはいったい、どういうことだろう……。

見ているあいだに、広場のほとんどが水におおわれました。雨がふったら、雨水がしみこんでいくはずの地面から、逆に水が湧き出しているのです。

——この調子で、水がどんどん出てきたら……。

スキッパーは、きゅうに心配になり、まわりを見まわしました。すぐそばの林には、薪をいれておく小屋があります。もしも、もっと水が増えたら、薪がぬれてしまいます。小屋の戸があけば、薪が流れていってしまうかもしれません。

おおいそぎで、ウニマルにもどり、背負いかごを持って、水の広場におりていきました。水のなかを歩くと、水が湧きあがる波紋に、スキッパーが歩いてできる波がかさなりました。

小屋まで二度往復して、薪をウニマルに運びました。そのあいだにも水は増えつづけました。二度目に小屋までいったとき、長靴が水の深さぎりぎりになったので、小屋の戸をきちんと閉めてもどってきました。

はしごをのぼってウニマルの甲板に立ち、どんどん増えていく水を、スキッパーはながめました。

胸がどきどきしてきます。

広場はもうまるで湖のようです。ウニマルのはしごの一段目くらいまで、水の深さがあります。湧きあがった水は、どこかへ流れていくようには見えません。このあたりにたまっていくばかりなのです。

——どうして、湖のほうへ流れていかないんだろう？

そう考えて、はっと気づきました。

——湖まで、ずっとこんなふうに水がたまっているんだ。

——じゃあ、湖の水も、増えている……？

——それなら、湖の水は、どうして湖の出口から出ていかないんだ？

——もっと水が増えたら……、どうなる……？

もうすでにまわりの水はスキッパーの腰くらいの深さになっています。きっとそとからいまのウニマルを見れば、ほんとうの船のように見えるでしょう。

そんなことを考えていて、思いだしたことがあります。前にバーバさんとした話です。

「ねえ、ウニマルって、ほんとうの船になる？」

と、スキッパーがたずねたのでした。そのときは、ほんとうに船になったら楽しいだろうなと思ったのです。

バーバさんは書きものをしていた手をとめて、眼鏡をはずし、天井をにらんでしばらく考えてから、いいました。

「このままの状態で、ここが大水になって、ウニマルが浮くか？っていう話なら、浮かないね。ほら、家というものは、炊事場の流しとか、おふろやトイレとかで、使った水を流すだろ。水は地中に出ていく。家のなかと外はパイプでつながっているんだ。だから大水になれば、逆にそこから水がはいってきて、家のなかに水があふれ出す。家のなかもまわりの水面と同じ水位になる。そうなれば、沈むね」

なんだ、沈んじゃうのか、とスキッパーが残念そうな顔をすると、バーバさんはにっこり笑って立ち上がり、スキッパーを炊事場までつれていきました。そして流しの下の戸棚をあけ、そこにあるパイプについているバルブを指さしました。

「このバルブが流しの排水用」

それから地下倉庫の階段うらのバルブを指さしました。

「このバルブがおふろ、こっちはトイレの排水用。どちらも右にまわす。ほら、右向きの矢印のさきに〈しまる〉と書いてあるからわかるだろ。止まるまでまわすんだ。すると、そとから水ははいってこない」

「それを、止まるまでまわしたら、ウニマルは浮く？」

「浮くかもしれない」
「浮かないかもしれない？」
いったいどっちなの？と、スキッパーはバーバさんの顔を見ました。
バーバさんは空き缶をスキッパーにわたしていいました。
「これに、小石を集めておいで」
スキッパーがウニマルからおりて小石を集めてくると、バーバさんは洗面器に水をいれ、そこに陶器のボウルを浮かべていました。陶器の重みですこし沈んではいますが、浮いています。
「これがウニマル。このボウルと同じよう

に、ウニマルは底のほうが重くなっているから、ひっくりかえらない」
「浮いてるね」
「ああ、浮いている。ウニマルはおそらく、なにもなければ浮くと思う」
「なにもなければ？」
バーバさんはうなずいて、スキッパーが集めてきた小石をひとつつまみ、
「これは、地下倉庫の缶づめ」
といって、ボウルのなかにいれました。ボウルはすこし沈みました。つぎの小石は
「これは、地下倉庫のびん類」
そしてつぎつぎ、「地下倉庫の小麦粉とかの袋」「地下倉庫のスパゲティなどのはいった箱」、かなりおおきな石は「書斎の本」「貯水槽の水」、ちいさな石は「標本」、中くらいの石は「ベッド」、それから「机」「椅子」、ちょっとおおきな石は「ストーブ」……、といれていきました。
スキッパーははらはらしました。もうボウルは水面ぎりぎり、沈みそうだったの

です。バーバさんはスキッパーの顔を見て、
「では、貯水槽の水を抜いてみよう」と、いいました。「水はまわりにいっぱいあるんだから、それを汲んでわかせばいい」
貯水槽の水はかなりおおきな石でしたから、すこしボウルは浮きあがりました。
バーバさんは、かわりにちいさな石をつまんで、ボウルにいれました。
「これが、スキッパー」
ボウルはちゃんと浮いています。
「じゃあ、浮くんだ」
スキッパーは安心しました。

あの日の話のようなことが、
ほんとうにおこるとは思いませんでした。
いえ、まだそんなことにはなっていませんし、

このあとだって、そんなに水が増えると決まったわけではありません。
けれど、念のため、ということもあります。スキッパーは流しの下のバルブと、地下倉庫の階段下のバルブを、〈しまる〉のほうへ、止まるところまでまわしました。
それからもういちど甲板にもどって、ようすを見ました。
船べりから下を見おろすと、さっきよりも水は深くなっています。もう、はしごの三段目まで水です。すきとおった水の底で、沈んだ草がゆれています。
それにしてもふしぎなけしきです。スキッパーは見とれました。昼のあかるい太陽の光のなかで、湧きあがる水でゆらゆらする水面に立つ木々――。
思いついて、窓という窓を、しっかり閉めてまわりました。天窓ばかりに気をとられ、トイレの窓をわすれていたのに気がついたときには、冷や汗が出ました。
甲板に出て水のようすを見ると、もうはしごの四段目が水のなかです。
――もしも、どんどん水が増えていって、ウニマルが浮きあがらなかったら……。
と、考えました。

バーバさんのボウルを使った実験は、ウニマルのなかにはいっているものの重さによって浮くか浮かないかが決まる、という実験です。

もしも貯水槽の水を抜いても浮きあがらなかったら、ドアを閉めてウニマルのなかにいたほうがいいのか、それともウニマルのそとからドアを閉めて、ウニのトゲにつかまっていたほうがいいのか……。

スキッパーはさんざん考えて、ウニのトゲにつかまることにしました。

もしもこれが大雨だったら、ウニマルのなかにいるほうにしたかもしれません。でも、奇妙なほどいい天気でしたから、そとのほうが気分がよかったのです。

6 調査隊員を募集しています

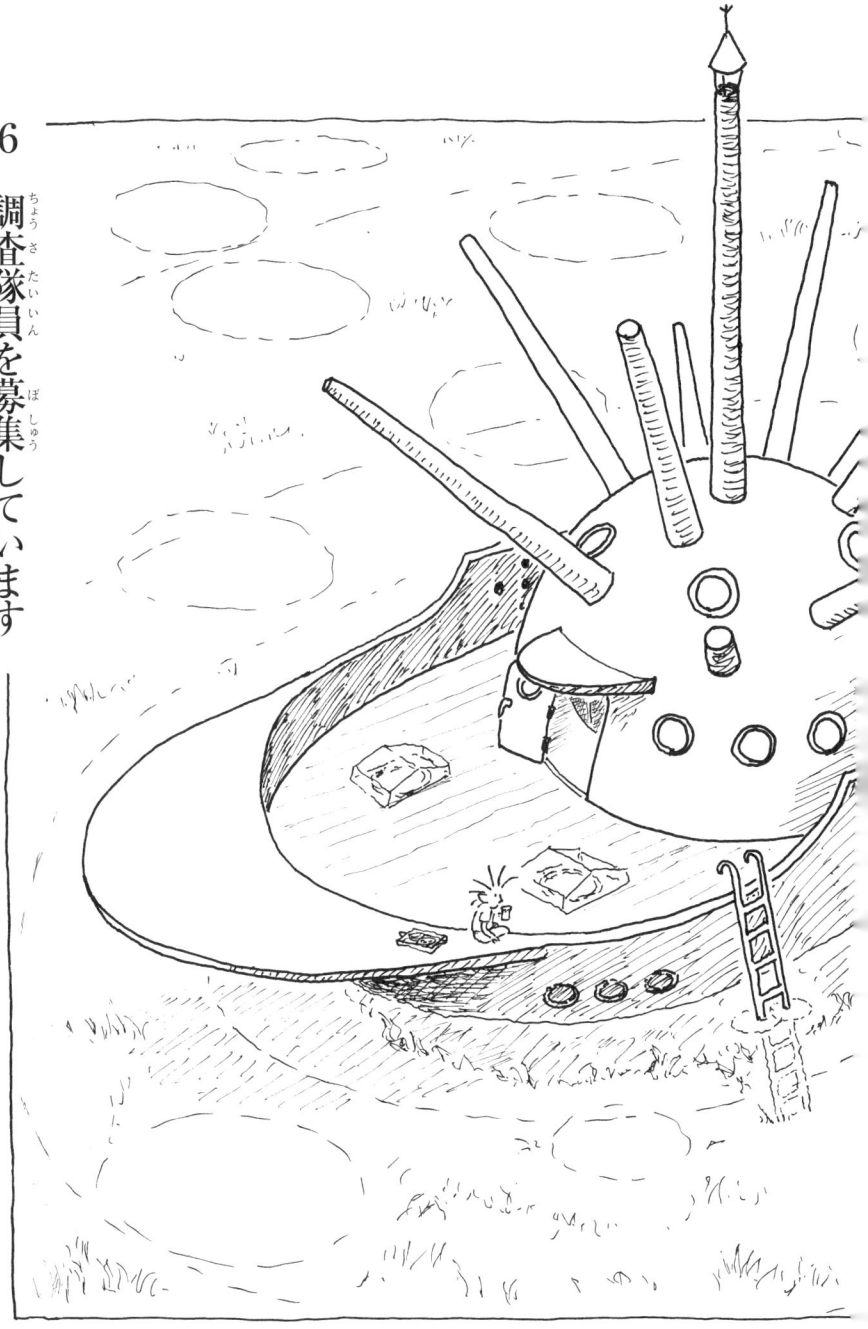

スキッパーはそのあとずっと甲板で、水かさを見張っていました。
おそい昼食も、クラッカーと缶づめのソーセージとびんづめのキャベツとお茶を、甲板で、へさきをテーブルにして食べました。
ゆうがた、ようやく水の増えるのが止まりました。はしごの五段目と六段目のあいだで、ぴたりと止まったのです。スキッパーは、すこしほっとしました。
それは書斎や寝室のまるい窓にちょうど水面がくる深さでした。窓からそとを見ていると、さかなが何匹か泳いでいくのが見えました。きっと湖からやってきたのでしょう。スキッパーは水族館というところに行ったことがありませんが、きっとこういうふうに見えるんだろうなと思いました。
甲板に立つと、まるでウニマルがほんとうの船で、水に浮かんでいるようです。水の増えるのが止まると、水面がしずかになりました。広場のまわりの、半分水につかった木々が、水面にくっきりうつり、ウニマルが、ゆきどまりの水路にまよいこんだように思えてきます。

そのあと暗くなるまで、水位は変わらないようにも、すこし上がったようにも思えました。

夜になったので、なかにはいって、昼ののこりのクラッカーとソーセージとキャベツとお茶の食事をしました。

部屋のなかでランプをつけると、そとのほうが暗いので、窓からはなにも見えません。ときどき甲板に出て、水位を見ました。変わらないように思えます。でも、はしごの段を見ると、すこし水が増えているような気もします。

すこしだけ欠けた月がのぼると、夢を見ているようなふしぎなけしきでした。一匹、さかながはねました。

寝る前に、どこからも水がもれていないか、見てまわりました。だいじょうぶです。

――そうだ。

スキッパーは、書斎の窓の、水面の高さにテープをはりました。時計を見ると九時です。テープに9：00と書きこみました。

ランプを消すと、窓のそとの水に、月の光がさしこむのが見えました。

ガラスびんの家のほうでも、ゆうがた、水の増えるのが止まりました。窓よりもすこし高いところに、水面があります。

ポットさんとトマトさん、トワイエさんは、泊めてもらいました。

つぎの日の朝、窓のそとは美しいながめでした。

窓から見えるのは、全部水のなかです。水のなかでツタの葉が、ゆらゆらとゆれています。水中の光の線で、朝日がさしこんでいるのがわかります。むこうの木は水のなかで葉をゆらしていて、さかなが木のあいだを泳ぎ抜けていくのです。

みんなで朝食のテーブルについたとき、ふと窓のそとを見たスミレさんが、

「え？」

と、声をあげました。

一瞬のことです。窓のそと、むこう岸の林のあいだをサカナのように泳ぐふたりの女の子を、スミレさんは見たのです。ひとりはふたごくらいのおおきさで、もうひとりはとてもちいさく、子ウサギほどのおおきさです。ちいさいほうが、こちら

を指さして、おおきいほうになにか話し、ふたりはガラスびんのなかを見てにっこり笑ったかと思うと、ついっとどこかへ行ってしまいました。

「あの、なにか、見えたのですか？」

「どこ？　どこ？」

「なに……？」

トワイエさんとトマトさんとギーコさんがそういうのにかさねて、

「いまのは……」

と、ポットさんがいいかけて、口をとじました。

「なんだったの？」

トマトさんがポットさんにたずねました。

「いや……、あれは……、おおきなサカナだったんじゃないかな……」

ポットさんは歯切れのわるいいいかたをしました。

スキッパーは、ずいぶんはやく目が覚めました。

五時です。ベッドから見える窓の水位をたしかめました。どきんとしました。水がさらに増えています。そこにもテープをはって、時刻を書きこみ、前のテープとの差を指で測りました。スキッパーの指で八本ぶんあります。一時間に指一本ぶん増えていることになります。きのうの増えかたほどひどくはありませんが、水位は上がっているのです。このペースでずっと上がりつづけると、こまったことになりそうです。

ウニマルのなかを見てまわりました。いまのところ、水がもれだしているようすはありません。

歯をみがいたり、顔をあらったりするのは、甲板ですませました。

朝食はなにを食べようかなと考えたとき、遠くからギッコン、ギッコンというど

こかで聞いたような音と、聞きなれた声が近づいてきました。聞きなれた声はふたごのプルンとキラリです。

「ウニマルは、だいじょうぶかな」

「スキッパーは、もう起きているかな」

「こんなときだから、起きている」

「きのうの夜、心配で眠れなかったから、いまは寝ている」

「いびきをかいて」

「はぎしりをして」

やがて水から突き出た木々の上に、移動しながら近づいてくるヨットのマストが見え、それから帆を下ろしたヨットに乗ったふたごが、オールをつかってウニマルの広場にはいってくるのが見えました。同時にふたごがこちらをふりむいていいました。

「ウニマルは、だいじょうぶだった」

「スキッパーは、起きていた」

ギッコン、ギッコンというどこかで聞いた音は、オールを動かすときにオール受けがたてる音だったのです。

水につかった広場にはいってくる小舟、それはとてもふしぎな光景でした。

それよりも、どうなるのだろうとひとりで気をもんでいたところですから、ふたごがやってきてくれて、自分でもびっくりするくらいうれしい気分になりました。しかもヨットでやってきてくれたのです。ヨットがあればここから出ていくこともできます。スキッパーはにこにこしてしまいました。

「おはよう、スキッパー」

プルンがいいました。キラリもつづけました。

「おはよう、スキッパー。ウニマルが船みたいに見える」

スキッパーが両手をふって「おはよう」「おはよう」といいかえしているうちに、ヨットはもうウニマルの横にならんでいました。

「ウニマルに乗船許可願います」
と、プルンがいうと、キラリも、
「願います」
と、つづけました。
いままでにふたごがウニマルにやってきたときは、こんないいかたはしないで、さっさとはしごをのぼってきたのになあ、と思いましたが、スキッパーは、
「許可します」
と、いいました。
ふたごは手早くオールをしまいこみ、毛布をおりたたんだものをヨットとウニマルのはしごのあいだにはさんで、ヨットをロープではしごに固定しました。なぜ毛布をはさむのだろうとスキッパーがながめていると、プルンがそれを指さし、
「フェンダー、つまり、防舷材」
といい、キラリが、

「防舷材、つまり、船とはしごがこすれて傷つかないためのもの」
と、教えてくれました。
ふたごがヨットに乗ってここにこられたということは、湖がここまでつづいているのはまちがいないってことだな、と、スキッパーはあらためて思いました。
「きのうは地面からどんどん水が湧き出したんだよ。でも、どういうわけで、こんなに水が増えているの？　どういうわけで、湖の出口から水が流れていかないの？」
スキッパーはたずねました。
「わたしたちは、その原因をさぐる調査隊員を募集しています」
と、プルンがいいました。
「調査隊にはいりたいひとが、このあたりにいますか？」
と、キラリがいいました。
ぼくのことを心配してやってきてくれたわけじゃなかったのか、とスキッパーは思いましたが、それでもふたりがやってきてくれたことがうれしくて、

「希望します」
と、手をあげました。
「ところで、朝食を希望するひとが、このあたりにいますか？」
スキッパーがいうと、ふたごはいきおいよく手をあげました。
「希望します」
「希望します」

三人はビスケットとお茶、それにプニョプニョタケのトマトスープで朝食にしました。灰でやわらかくしたプニョプニョタケが、二分の一残っていて、それを使いました。ふたごは気に入って、おかわりをしました。

食べながらふたごは、いろんな話をしました。

とつぜん増えはじめた水は、あとすこしで、巻き貝の家のいちばん上の窓まできそうなこと。今朝起きるとすぐにヨットに乗って、ウニマルにきたこと。森のなかにヨットではいろうとすると、枝にマストがひっかかるので、枝がはりだしていない川や道の上を、オールでこいできたこと……。

「すると……」と、スキッパーはビスケットをお茶でのみこんでいいました。「東の川をのぼって？」

ふたごはそろって、こくんとうなずきました。

「木の上の屋根裏部屋は……？」

東の川をのぼってきたのなら、トワイエさんの屋根裏部屋の前を曲がって、ウニマルの広場にむかう道にはいるはずです。

「屋根裏部屋は高いところにあるからだいじょうぶ」

「でも、階段の半分くらいのところまで、つかっていた」
そのようすはだいたい想像できました。
「トワイエさんは……？」
と、スキッパーはたずねました。
「まだ早かったから、眠っていたかも」
「そう、きっと、まだ眠っていた」
あの家なら、水がふえても安心だから、
眠っていたかもしれないな、とスキッパーは思いました。
そのあと、ヨットは湯わかしの家の前も通ったはずです。
「湯わかしの家は……？」
ふたごは顔を見あわせました。
「どうしたの？」
スキッパーがもういちどたずねると、ふたりは声を低くしてこたえました。

「窓の上くらいまで、水のなか……」
え？　とスキッパーはビスケットを持った手をとめました。
「じゃあ、ポットさんとトマトさんは……」
ふたごは首をひねりました。
「きっと家から逃げだしたと思う」
「どこか、水のこないところへ逃げたと思う」
スキッパーはうなずきました。でもすぐに、まてよ、と思いました。あのポットさんとトマトさんが、スキッパーに声もかけずに行ってしまうでしょうか。
――ふたりになにかわるいことがおこっているかもしれない。
きゅうに立ち上がったスキッパーを見て、ふたごはおおいそぎでのこりのビスケットとお茶に手をのばしました。
「すぐに出かけよう」
と、スキッパーがいうと、ふたごは口のなかにものをいれたまま、もごもごいいま

した。たぶん、
「いま、そういおうとおもっていた」
「湯わかしの家にいかなくちゃ」
と、いったようです。
スキッパーが食器をそのままにして出かけるのは、めずらしいことでした。

ヨットには、スキッパーはなんども乗せてもらっています。けれど、ウニマルのはしごから乗りこむのは初めてです。ヨットのなかは、いつものように、人形とか網とかバケツとか、さまざまなものがちらばっています。それを踏みつけないようにもしなければなりません。すこし緊張しました。
オールはふたごがにぎりました。スキッパーは舵を担当します。
広場を出るとき、スキッパーはふりかえってウニマルを見ました。ちいさな湖にウニマルが浮かんでいるように見えました。

ふたごは進行方向に背をむけてオールをこいでいます。
スキッパーだけが前を見て、オールが木のしげみに
あたらないように舵をとります。
「舵をとってもらうと、らくにこげる」
と、プルンがいいました。
「まわりのけしきを見ながら、こげる」
キラリもいいました。
スキッパーといえば、きちんと舵をとることと、
ポットさんとトマトさんが無事なのかどうか
ということでこころがいっぱいで、
けしきを楽しむなんてできませんでした。

7　モグラやミミズになってもいいつもり

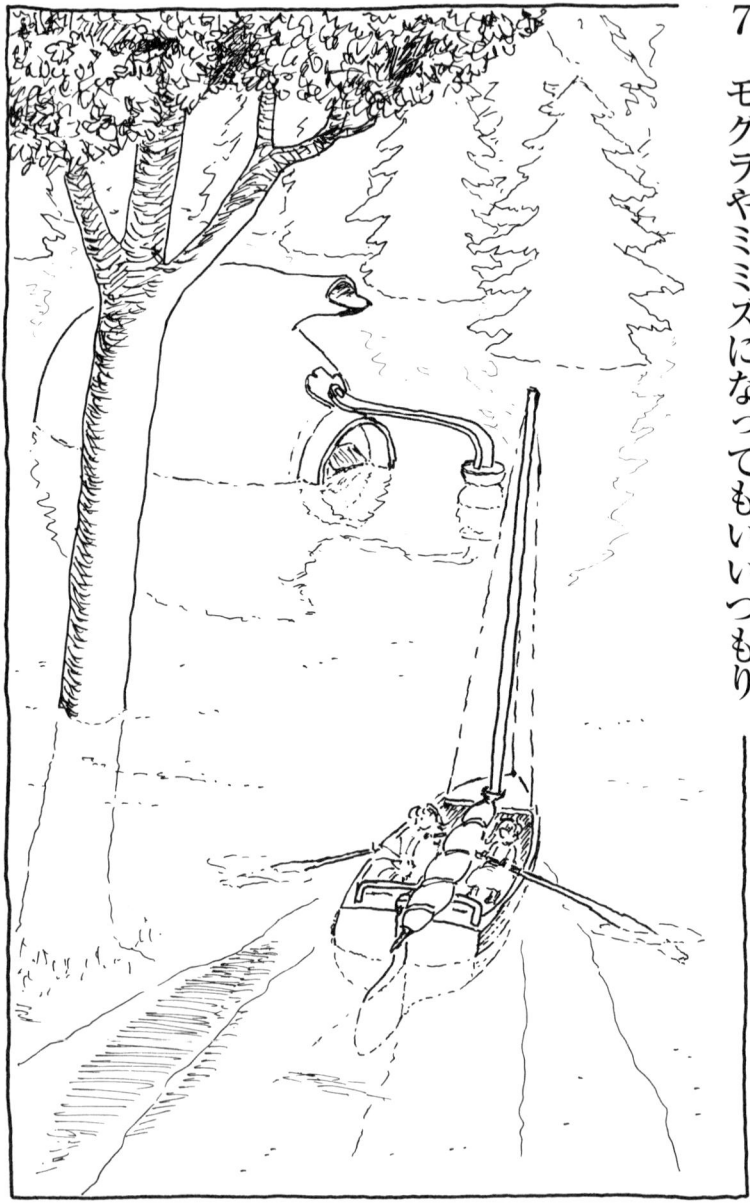

水にしずんだ道の上を、ヨットがすべるように進みます。木々のあいだからもれてきた朝日が、水のなかに、線になってななめにさしこみます。

歩けば十分かかる距離ですが、ふたごがオールをうまくつかえるので、五分もかからず湯わかしの家の広場につきました。家が見えたときスキッパーは、

「ああ……」

と、声をあげてしまいました。

ふたごがいったとおり、家は半分ほど水に沈んでいます。家の横にある窓がちょうどかくれるところまで、水がきているのです。扉についている窓のほうが高い位置にあるので、そこからなかをのぞくことはできるようです。

ふたごはいっぽうが逆にオールをつかって、ヨットのむきを変えました。そしてバックで、扉に近づきました。そうしないと湯わかしの柄に、ヨットのマストがあたるのです。スキッパーは舵をつかって、船が扉にそうようにしました。

扉の窓からのぞきこむと、いろんなものが部屋のなかに浮かんでいるのが見えま

した。でも、ポットさんのすがたも、トマトさんのすがたも見えません。
「いないと思う」
「どこかへ逃げたと思う」
プルンとキラリがスキッパーを見ていいました。
——もしかすると、寝室にいるかもしれない。
スキッパーは、念のために呼んでみました。
「ポットさーん、トマトさーん」
それを聞いて、ふたごがもっとおおきな声で呼びました。
「ポットさーん！　トマトさーん！」
返事がありません。
「やっぱり……、いない、ね」
と、スキッパーとふたりはうなずきあいました。
そのあと、木の上の屋根裏部屋にいきました。

こちらは水のなかから、らせん階段が出ていますから、そこにヨットをつけて、スキッパーが部屋までのぼりました。のぼるとちゅうで、いないな、と思いました。いつもなら、階段をのぼる足音を聞きつけて、トワイエさんがむかえに出てきてくれるのです。ノックして戸をあけてみました。やはり部屋にはだれもいません。

ヨットにもどったスキッパーが、ふたりにいいました。

「トワイエさんもいない」

ふたごはだまって顔を見あわせました。

——どうして、みんな、いないんだろう……。

スキッパーは、なんだかとりのこされたような気分になりました。

「ガラスびんの家に、いく?」

プルンがいいました。

「ガラスびんの家にいこう」

キラリもいいました。

スキッパーもうなずきました。うなずきながらスキッパーは、ガラスびんの家はどうなっているのだろう、スミレさんとギーコさんはどうしているのだろう、と不安になりました。

ことばがすくなくなった三人を乗せて、ヨットはギッコン、ギッコンと音をひびかせ、ガラスびんの家にむかいました。

スミレさんとトワイエさんは、窓のそとに広がる水の森を見物しながら、コーヒーをのんでいました。

ポットさんとトマトさんは、顔をよせあって、小声で話しあっていました。湯わかしの家がどうなっているのか、心配なのです。

ギーコさんはすこし奥で、椅子の背板にもようを彫りこむ仕事をしながら、ちらちらと窓のそとを見ていました。そんなギーコさんを見て、スミレさんがちいさな声でいいました。

「こんなけしきは、めったに見られないのよ。仕事なんてしないで、見ればいいのに」

ギーコさんは手をとめ、ちょっとだけ窓のそとを見て、また仕事に目をもどしました。

窓のそとはずうっとむこうまで、全部水です。そこに朝の光がさしこんでいます。草も木の葉もゆらゆらとゆれ、それが低い水面の天井にうつってはゆれてくずれます。なんともふしぎなけしきです。

スミレさんは、朝はやく見えた女の子たちのことを、みんなに話すかどうか、まよっていました。あのときポットさんも「いまのは……」といいかけました。ですから、同じものを見ていたような気がします。それをもういちど確かめたかったのです。

けれど、それをいいだす前に、トワイエさんがいいました。

「おや、へんなものが……」

あの女の子たちでは、とスミレさんは期待しましたが、ちがうものでした。

「まあ、みょうなものが近づいてきたわ」

スミレさんもそういうと、ギーコさんがすぐに板をおいて窓に近より、ポットさんもトマトさんもそとを見ました。トワイエさんとスミレさんが見ているのは、橋のむこうの道のほうです。

確かにみょうなものが近づいてきます。かたまりがひとつ、そしてその左右にあらわれたり消えたりするちいさなかたまり。

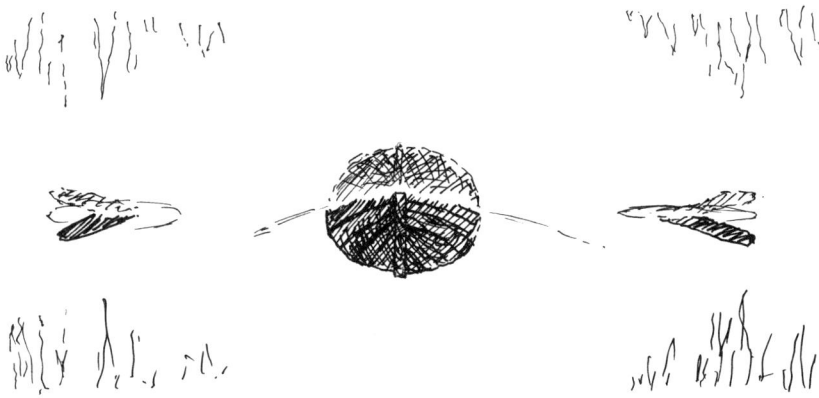

この角度では、水の上の部分は見えません。水中のものしか見えないのです。おまけに水面、つまり水の天井が鏡のようになって、水中のけしきが逆向きにうつって見えます。

「ボートだ」

と、ギーコさんがいいました。

ポットさんもうなずきました。

「きっとふたごのヨットだな」

すぐ近くまでくると、きゅうに水の上のものが見えました。なんだかいつもよりぼんやりと細長くなったふたごとスキッパーがこちらをのぞきこんで、にこにこ笑っています。

「あの子たちを、ここにつれてくるわ」

スミレさんがそういったときには、もうギーコさんが二階の空気抜きへといそいでいました。

ヨットに乗ったふたごとスキッパーは、橋の上をすべるように通りすぎ、ガラスびんの家に近づきました。空が明るすぎるせいでしょうか、水の下にしずんだ窓のところはよく見えません。空気抜きがつきでた丘が見えるだけです。ギーコさんやスミレさんが丘の上にいる気配はありません。だれもいない丘が水面にうつっています。

オールを船にしまいこんで、ふたごはスキッパーの舵に船をまかせました。それまでのいきおいで、船がゆっくり丘に近づきます。とつぜんプルンが声をあげました。

「いた！　いた！　みんないた！」

そういったあと、笑いだしました。

「見て、見て、あのスミレさん！」

プルンが水のなかをのぞきこんでいるところに、スキッパーもキラリものぞきこんだので、船がおおきくかたむき、もうすこしで水がはいってくるところでした。

「いる！　いる！　みんないる！　ギーコさんも！　トワイエさんも、ポットさんも、トマトさんも！」
　そういって、キラリも笑いだしました。
ボートが近づいて、水中のガラスびん
の家が見えてきたのです。どうやら
ガラスびんの家のなかには、水は
はいっていないようです。
　その家のなかからこちらを見て、
口を動かしているおとなたちが、
はっきり見えます。
でも、水のせいなのか
ガラスびんのせいなのか、
たてに縮んで見えます。
笑うのは失礼だと思いましたが、

スキッパーも笑ってしまいました。みんな無事だったのがうれしくて、よけいに笑ってしまったのです。笑いながら、なんだか夢のなかの場面を見ているような気がしました。

ヨットをしっかりした木につなぎとめていると、空気抜きの、屋根のようなふたがひらき、ギーコさんが、つづいてスミレさんが出てきました。そんなところから出てくるふたりを見るのははじめてなので、スキッパーたちはすこしおどろきました。

「モグラみたい」とプルンがいい、

「ミミズみたい」とキラリがいいました。

それは聞こえなかったようで、

ギーコさんとスミレさんは、

めずらしくにこにこしていて、

「きみたちは、無事だったんだな」

「家もだいじょうぶなの？」
「玄関にコルクの栓をしていて、たすかったんだ」
「ここにはきのうから、ポットさんとトマトさん、トワイエさんがいるの」
などといっぱいしゃべりました。ひといきついたところで、
「ところで、湯わかしの家や木の上の屋根裏部屋がどうなっているか、見た？」
と、スミレさんがたずねました。ふたごとスキッパーがうなずくと、
「じゃあ、下におりていって、話してあげてちょうだい」
と、たのまれました。
ふたごがうれしそうにいいました。
「わたしたちも、なかからそとを見てみたかった」
「ガラスびんのなかから、水のなかを見てみたかった」
スキッパーも、うんうんとうなずきました。
スミレさんは三人を見て、ゆっくりうなずきました。

「気持ちはよくわかるわ」そこで真顔になりました。「でも、だれかの家が水浸しになっているのなら、あんまりはしゃがないほうがいいわね」

ああ、そうだった、とふたごとスキッパーは顔を見あわせました。スミレさんはつけたしました。

「それから、モグラやミミズになってもいいつもりで、おりてちょうだいね」

聞こえていたのです。

三人はスミレさんのあとをついて、空気抜きのはしごをおりていきました。ギーコさんが、穴にふたをして、最後におりました。

スキッパーはここを通るのははじめてです。ちょっとわくわくしました。トンネルのおしまいは、部屋にむかってひらいている窓です。

そこは物置部屋、とスミレさんがいいました。壁にかかっているのは、トワイエさんの冬用のコートのようです。ずっと前にトワイエさんがこの家に部屋を借りていて、それからあとも荷物をおかせてもらっていると聞いたことがあります。きっとここはトワイエさんが使っていた部屋なんだな、とスキッパーは思いました。

物置部屋を出ると、いつもよりもっと室内があおっぽく見えました。階段をおりると、ガラス窓全体に明るい水の森が広がっていました。

「わあ、こんなふうに見えるんだ」

と、スキッパーがつぶやきました。

「すてき、すてき……」

と、おおきな声をあげかけたふたごが、あわてて手で口にふたをしました。

ウニマルでも窓ごしに水の森は見えたけど……、とスキッパーは思いました。ウニマルの窓はこんなにおおきくはありません。ここから見ていると、まるで自分も水のなかにいるようです。水にゆれるツタの葉のあいだから見るので、よけいにそう思えました。

「おはよう、スキッパー。ええっと、それから……」
トワイエさんがいいかけると、ふたごがこたえました。
「わたしのことは、プルンと呼んで」
「わたしのことは、キラリと呼んで」
みんなはここで、やっと朝のあいさつをしました。
「で？」
ポットさんが、たずねるように、スキッパーとふたごを見ました。
「トワイエさんの屋根裏部屋は、だいじょうぶ」
プルンがいいました。
「水のなかに、らせん階段が半分くらいかくれているけど」
キラリがいいました。
そのあとふたごがスキッパーを見ました。
「で」と、スキッパーはいいました。

「湯わかしの家は、窓ぐらいまで
水につかっています。いろんなものが
家のなかで浮いていました」
「まっ……！」
トマトさんが、手で口をおおいました。
「どんなものが、浮いていたんだろう？」
ポットさんがたずねました。
「テーブル、いす、薪、トランク……」
スキッパーがそこまでいうと、ポットさんが
「トランク……」と、つぶやきました。
「トランクが浮いていたってことは、地下室から浮きあがったってことだ」
それからポットさんは、ふたごにいいました。
「ぼくを、湯わかしの家まで、はこんでもらえないだろうか」

8　そういうことは、はやくいってくれよ

ふたごはそれぞれ、ゆびを一本たてました。
「それはいいけど、そもそもわたしたちは、調査隊」
「それなのに、まだ調査をしていない」
スミレさんは
「なんの？」
と、聞きました。
スキッパーも「なんの？」と思いましたが、
すぐに思いだしていいました。
「なぜこんなに水位が高いのか、つまり、湖から
水が流れ出る出口を調査するつもりだったんです」
スミレさんは「あ」という顔をしました。
それから、スキッパーにいいました。
「あたしも、その調査隊にいれてもらえるかしら」

スキッパーが
「いいですよ」
といったとき、ふたごは一瞬「げ」という顔をしました。けれどスミレさんがふたごを見たときは、にっこり笑っていました。

「あのう、ポットさん」トワイエさんがたずねました。「湯わかしの家へいって、なにを、その、んん、するつもりですか?」
ポットさんはうなずきました。
「とにかく、ようすを見たいんだ。それから、水から救い出せるものがあれば、寝室の二階の物置にはこびあげておきたいんだ」
「それなら、ぼくもいこう」と、ギーコさんがいいました。「ただ、ヨットでここを出発するときに、作業小屋の扉がしまっているかどうかを確かめさせてほしい」
「ぼくも、いきます」と、トワイエさんもいいました。「人手があったほうがいいことも、ええ、あるでしょうから」
「こうしましょう」とスミレさんがいいました。「いまからお昼のお弁当をつくる。ヨットで出発する。ポットさんとギーコさんとトワイエさんを湯わかしの家でおろす。プルンとキラリとスキッパーとあたしが調査をしにいく。トマトさんは、ここに残って、夕食をつくる。調査がおわるかきょうの調査をうちきるかして、あたしたちは湯わかしの家へいく。ポットさんたちをヨットに乗せてここにもどってくる。みんなで夕食を食べる。どう?」
なるほど、とスキッパーは感心しましたが、ふたごは、かってに決められたと、口をとがらせました。
トマトさんも湯わかしの家へいきたい、といいました。でもポットさんが
「きみはここにいてくれよ、トマトさん」
といって、あきらめさせました。
トマトさんに家のなかを見せたくないんだろうな、とスキッパーは思いました。

サンドイッチとお茶の用意ができると、トマトさんひとりを残してヨットは出発することになりました。

からだがつっかえそうになりながらトマトさんは空気抜きの穴から顔を出し、

「ポットさん、くれぐれも、危険なまねはしないでね」

と、いいました。

「そんなことになったら、そう、ぼくたちがとめますよ」

と、トワイエさんがいい、ギーコさんもうなずきました。

七人も乗ると、ヨットはかなり沈みこみます。

「きゅうに立ち上がってはいけない」

「きゅうに動いてはいけない」

と、ふたごが船乗りらしく注意しました。

オールはギーコさんがにぎりました。その前にポットさんとトワイエさんがすわ

り、ふたごが舵をとります。スキッパーはへさきにすわり、そのうしろにバスケットをふたつ横においてスミレさんがすわりました。

ギーコさんは、ふたごにまけないほどじょうずにオールをつかいました。

まず、ギーコさんの作業小屋にいってみました。扉はしまっていました。ギーコさんはそれを見ただけで、ひきかえしました。

ボートの上から見ると、川だったところは、そこだけ草がはえていなくて、石や砂がつづいています。全部水におおわれてみると、そこが道のように見えます。

スキッパーははじめて水の森をボートの上から、ゆっくりとながめることができました。

朝日のさす明るい森を、すきとおった水が満たしていて、その上をボートがすべっていきます。まるで空中を飛んでいるみたいです。でも飛んでいるのではない証拠に、ボートがたてる波が、森の草や花、木の幹をくにゃりとゆがめてひろがっていきます。ふだんならぼくは、あそこを歩いているんだ、そう思うとスキッパーは

とてもふしぎな感じがしました。

ギッコン、ギッコン……。

オール受けがたてる音だけが、森のなかを進んでいきます。

トワイエさんがそのしずけさをこわしたくないみたいに、小声でいいました。

「いったい、その、どういうわけで、森のいたるところから、んん、水が湧き出したのでしょう」

「わからんが、地下の水の流れがかわったんじゃないのかな」

と、ポットさんがいうと、スミレさんもいいました。

「おおきな山の地下に、見えないおおきな湖があって、その湖の栓が抜けた、とか……？」

ギーコさんは首をひねっただけでした。

「スキッパーは、どう思う？」

スミレさんにきかれて、スキッパーは、うーん、とすこし考えて、いいました。

「先月、バーバさんからきた手紙に、『ものごとというのは、さまざまな理由がかさなって、おこっている』と書いてありました。だから……」

「だから、理由はひとつじゃない、と思うのね」

と、スミレさんがいいました。

ヨットは、ギッコン、ギッコンと、トワイエさんの木の上にある屋根裏部屋の前までやってきました。みんなはだまって、水からのぼる階段がトワイエさんの家につながっているのをながめました。

とつぜん、トワイエさんがいいだしました。

「あのう、もうひとつ、ボートがあれば、どうでしょう」

「そりゃ、ありがたいけど、あるのかい？」

ポットさんが目をおおきくしてたずねると、トワイエさんはうれしそうにうなずきました。

「さっき、プルンとキラリのヨットがやってきたとき、そう、思いだしたんです。ですが、あの……、おもちゃのようなゴムボートなんです。湖で遊んだらたのしいだろうと手に入れていたのに、いちどもふくらませることもなく、ですね、そのままになっているのが、ええ、あるんです」

「そういうことは、はやくいってくれよ。それがあれば、ぼくたちは泳がなくてもすむんだよ」
と、ポットさんがいうと、こんどはトワイエさんが目をむきました。
「え！　ぼくたちは、泳ぐことになっていたのですか！」
「マストを立てたヨットに乗ったままじゃ、家のなかにはいっていくわけにはいかんだろ」
ポットさんが、あきれたようにトワイエさんを見ました。そんな話をしているあいだに、ギーコさんは船をまわして、らせん階段につけました。
ギーコさんとトワイエさんとポットさんが、階段をのぼっていき、しばらく待つと、ふくらませたゴムボートを頭の上にかかげて、ギーコさんとポットさんがおりてきました。うしろからトワイエさんが、二本の小ぶりのオールと袋を持っておりてきます。袋にはゴムボートをふくらませるポンプと、パンクしたときの修理セットがはいっているのだそうです。
水に浮かべたゴムボートを見て、プルンとキラリは、

「おもしろそう！　乗りたい！」
「たのしそう！　乗りたい！」
と、いいました。
けれどポットさんは「きみたちは、また、こんど、ね」といいながら、自分が乗りこみました。
「ずるい！」
ほっぺたをふくらませるふたごに、ギーコさんが
「このあとの作業のために、ポットさんは操縦になれておいたほうがいいから」
と、なだめました。

たしかに、ポットさんはゴムボートの操縦になれる必要がありました。なかなか思うように進めなかったからです。まわりたくないところでまわってしまったりします。

「左のオールのほうがよわい！」

「右と左で、オールをもつ角度がちがう！」

「ああ、そこで右のオールを反対にこぐべき！」

などとふたごがいいつづけるので、ポットさんはよけいにうまくいかないようでした。とりあえず、湯わかしの家までは、ヨットにロープでひっぱってもらうことになりました。

「さっきの話のつづき、といえばつづきですが」と、トワイエさんが、みんなの顔を見ていいました。「前に、湖のむこう岸のあたりまでずっと歩いて、湖の水が川

になって出ていくところを、そう、見にいったことがあるんです。それが、けっこうせまいところを、んん、ずいぶんたくさんの水が、いきおいよく出ていくんですね。ええ。湖に流れこんでいる、二本の川の水をあわせた水とは、その、思えないほどの水が、出ていくんです。ええ、ええ」

ふたごがうなずきあいました。

「わたしたち、湖の出口には、近づかないことにしてる」

「流れでヨットがすいこまれるから」

ギーコさんはオールをつかいながら、「湖の底で大量の水が湧き出しているんだと思う」と、いいました。「湖はまわりを山にかこまれているだろ。とりわけ西側にはとてもおおきな山がある。あの山にふった雨や雪の水が、湖の底からごっそり湧き出しているんじゃないかな」

ポットさんがうしろのゴムボートからいいました。

「それが、今回、湖の底じゃないところからも湧き出したってことかい？」

「うーん、それは……」
と、ギーコさんは首をひねりました。
「でも、その、どうしてきゅうに水が湧き出して、また、それがどうしてぴたっと止まったのでしょうね」
トワイエさんがまわりの水を見て首をかしげました。
「湧き出したわけはわからないけど……」ギーコさんがいいました。「一年前のときのように、水の出口になにかがつまって、水位が上がっている可能性は高いな。もしそうなら、そのつまったものの高さまで水が増える。そして、それ以上は水があふれ出るから水位が上がらなくなる……、のじゃないかな」
「なるほど！」
トワイエさんが感心しました。スキッパーもその考えに感心しましたが、
「でも」
と、いってしまいました。

「でも、なんですか？」
トワイエさんがたずねてくれました。
「水位は、きのうの九時から、今朝の五時までのあいだに、ぼくの指で八本ぶん、つまり一時間に指一本のわりあいで、増えつづけていました」
と、いいました。
「スキッパー、観察していたんだ！」
「スキッパー、科学者みたい」
と、ふたごがいい、ギーコさんとトワイエさんが、
「ほう」
と感心してくれたので、スキッパーはほおが赤くなりました。

9　ヨットのなかは、すっきりしていない

ふたつの船が、湯わかしの家につきました。

「よし、ついたぞ」

というポットさんの声が、うしろのゴムボートから聞こえました。

みんなでボートをおさえ、ボートとヨットのバランスをとりながら、ギーコさんもゴムボートに乗りうつりました。ふたりが乗ると、ゴムボートはかなり沈みこみます。トワイエさんもいっしょに乗るのは無理なようです。

「ドアをあけるとき、なかのものが流れ出さないようにしたほうがいい」

と、ギーコさんがいって、ヨットとゴムボートで、扉をかこむようにしました。それからギーコさんがボートの上から手をのばして、ドアのノブをまわし、扉をあけました。薪が四、五本流れ出ます。

おもちゃのようなゴムボートだったのがさいわいしました。幅がせまいので、ドアを通り抜けることができます。流れ出た薪を押しもどしながら、ゴムボートが家のなかにはいると、ドアが閉められ、なかからポットさんの声が聞こえました。

「トワイエさん、すぐにむかえにくるからね」
しばらく待つと、ポットさんひとりが乗ったボートが、トワイエさんをむかえにきました。
「これ、お弁当。三人ぶんあるから」
スミレさんがバスケットをひとつ、ポットさんにわたしました。
「あたしたちは、湖の水の出口をしらべにいってきますからね」
「ありがとう」
とポットさんがいうと、家のなかから
「ねえさん、危険なことはしないで」
という、ギーコさんの声が聞こえました。
「そういうことをさせないために、あたしもいくんです」
と、スミレさんが、おおきな声でこたえました。

ふたごがオールをにぎり、スキッパーが舵をとり、スミレさんが先頭に乗りこみ、ヨットは湖にむかって出発しました。

「さてさて、いったいなにがつまっているのかしらね」

と、スミレさんがつぶやきました。

「クジラじゃないと思う」

「ゾウじゃないと思う」

おもしろくなさそうな顔で、ふたごがつぶやきました。ふたごはオールをにぎっているので、うしろをむいてすわっています。その顔はへさきのスミレさんには見えません。スキッパーだけに見えるのです。ふたごは、スミレさんがまるで保護者か調査隊の隊長のようなことをいったので、おもしろくないようです。

「キリンでもないと、あたしも思いますよ」

前を見たまま、スミレさんもつぶやきました。

ボートは屋根裏部屋の家の前から左におれ、川にそって湖にむかいます。

「おもしろいけしきだこと」と、スミレさんはつぶやきました。「船が川の上を飛(と)んでいくみたい。いつも見ているけしきなのに、すきとおった水がおおっているせいか、いつもよりすっきりして見える」

それから、すわりこんでいるまわりに目をやって、

「ヨットのなかはすっきりしていないわね」

と、いいました。

「すっきりしている」

すかさずプルンがいいました。

「とてもすっきりしている」

キラリもいいました。

「必要(ひつよう)のないものがあるじゃありませんか」

と、スミレさんがいいました。

「必要(ひつよう)があるものばかり」

「ぜんぶ必要」
ふたごがいいかえしました。
「くまのぬいぐるみがヨットにどうして必要なのかしらね」
「わたしたちがヨットをはなれるとき、見張りをしていてくれる」
「ヨットがさびしいとき、ヨットに歌をうたってくれる」
おやまあ、とスミレさんは口をあけ、眉をあげてみせましたが、それが見えたのはスキッパーだけでした。
「やぶれたメモ用紙のきれはしは、なにをしてくれるのかしら」
「ヨットが遭難したときに、たすけてもらうための手紙を書ける」
「宝を見つけたときに、地図を描ける。ちびた鉛筆もあるはず」
スミレさんはちびた鉛筆をさがして、見つけたようでした。けれど、ちがうものも見つけました。
「じゃあこれは？」

スミレさんがつまみあげていたのは、プニョプニョタケでした。両手にひとつずつ、つまみあげられたプニョプニョタケがこきざみにふるえています。「これは」といわれたので、ふたごはそろってふりかえりました。

「それは」プルンが考えながらいいました。「投げあって遊べるし、手に持っているだけで、たのしい。どうしていいかわからないとき、持っているとおちつく」

「そうそう、手に持っているとおちつく」キラリもいいました。「風が止まったときとか、いらいらしたときに、さわっているとおちつく」

こんぺいとうのように、つのがいくつも突き出ていて、そのひとつひとつがしなやかで、全体をにぎるとゴムボールのように弾力があるプニョプニョタケの手ざわりを思いだして、スキッパーは、なるほどそうかもしれないなあと思いました。

「食べるもので遊ぶだなんて」

スミレさんは首を左右にふりました。

「この前まで、食べものじゃなかった」

と、プルンがいうと、キラリもいいました。
「わたしたち、食べものになるよりずっと前から、これで遊んでた」
そんなことをいっているあいだに、だんだん水底が深くなり、低い木などすっかり水に沈んで、むこうに、湖が見えはじめました。
「まあ！」
スミレさんが声をあげ、スキッパーもぽかんと口をあけました。巻き貝の家が水につかって、いちばん上の部屋だけが水面に出ているのが見えたのです。ウニマルが水につかっているのにくらべれば、ずいぶん深く見えます。ウニマルが高いところにあるのでしょう。
「で、なかに水ははいっていないの？」
スミレさんが心配そうにいいました。
「だいじょうぶ」
プルンとキラリが声をそろえました。そういえば、巻き貝の家の窓はがんじょう

だったな、とスキッパーはうなずきました。
「ねえ」スキッパーは水面に出た枝をさけるように舵をきりながらいいました。
「湖の水の出口に近づくと、水の流れが速くて、流れ出す川にすいこまれるって、いってたよね」
ふたごはそろってうなずきます。スキッパーはつづけました。
「でも、湖の水の出口にいかなきゃ、なにがつまっているかわからないよね」
ふたごはそろってにっこりうなずきました。
「わたしたち、そういうことを思いつく調査隊員を募集していた」
「スキッパーなら、どうしたらいいか思いつけると思った」
ええ?とスキッパーが背すじをのばしたとき、スミレさんがいいました。
「いけるところまでヨットでいって、あとは陸からいけばだいじょうぶなんじゃない?」
なるほど、とスキッパーとふたごは顔を見あわせました。

「スミレさんが、思いついた」
ふたごがうなずきあい、スキッパーはほっとしました。

ひらけたところに出たので、帆をあげました。
おだやかな横からの風ですが、オールでこぐのより速く進みます。
水の出口に近づくまでに上陸したいので、適当なところをさがしましたが見つかりません。もとの湖なら、いくらでもヨットをつけ、上陸できるなだらかな岸がありました。でも、いまは山の中腹に水面があるのです。入り組んだ木の枝やしげる葉がじゃまをして、上陸できません。
水の出口に近づかないと、なにが水をせきとめているのかわからず、かといって近づきすぎると危険です。
——もしかすると、もうすでに近づきすぎているのでは？
スキッパーがそう心配しはじめたとき、

「かわる」

といって、プルンが舵をかわってくれました。プルンも心配になったのでしょう。

プルンはゆっくり船のむきをかえ、帆の風を逃がして船を止めました。船が止まると、へさきで波を切る音がなくなります。止まっているのに、岸の木がゆっくり動いていくように見えます。船が水の流れといっしょに出口に近づいていくのです。

「滝みたいな音が聞こえる」

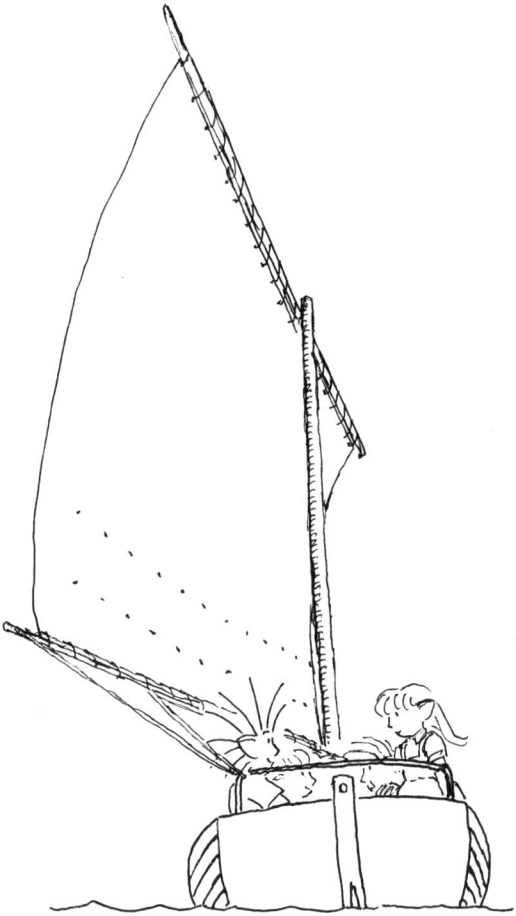

と、スキッパーがいいました。スキッパーの耳がいいのは、ふたごはよくしっていましたから、すなおにうなずきました。

水がなにかにせきとめられて、水面が高くなり、そこからむこうへ滝のように流れ落ちているようなのです。

つぎに船首を湖の中央にむけて、帆に風をうけました。むきがかわって進みはじめたので、へさきの波の音が聞こえはじめます。だいじょうぶです。まだヨットは流れに負けないで進んでいます。といっても、ずいぶんゆっくりです。この風では、これ以上出口に近づくと、もどれなくなるかもしれません。

水の出口まで、まだ三、四十メートルはあります。ここからでは、出口になにがつまっているのかはわかりません。

「どうする？」

「どうする？」

ふたごが顔を見あわせました。

スキッパーは流れる水と岸の木を見て考えました。
――あの木の枝をつかんでヨットが水に流されないようにしながら、水の出口に近づくというのはどうだろう。うーん、つかめないか……。
そこで、はっと思いつきました。
「前に川をさかのぼったとき、枝や岩にロープをひっかけて、それにつかまって、のぼっていったよね」
スキッパーがそこまでいうと、
「わかった！」
「わかった！」
と、ふたごがさけびました。
「あたしはわかりませんよ」
と、スミレさんがいいました。

「つまりこういうこと」
ふたごが説明しました。
「岸からつきでている枝にロープをむすびつける」
「ロープをくりだしながら出口に近づく」
「それじゃあ、長いロープが必要になるじゃありませんか」
スミレさんが眉をよせました。
「長いロープならある」
ふたごが元気よく声をあわせました。
「そのロープが切れたり、ほどけたりしたら、水の出口にすいこまれるじゃありませんか」
スミレさんがさらに眉をよせました。
「そのときは、アンカー、つまり、いかりをほおりこむ」
「アンカーにも、長いロープをつけておく」

「アンカーロープも切れたらたいへんじゃありませんか」
スミレさんがもっと眉をよせました。
「じゃあ、枝のロープを二本にする」
「それに、流れがおそい岸の近くをはなれない」
ふたごにしてはずいぶんゆずったなあ、とスキッパーは思いました。
「でも、そんなに長くてじょうぶな三本のロープが、どこにあるというんです?」
スミレさんが、これでこの話はおしまい、というふうにいいました。
「あるの!」
ふたごは、たからかに声をそろえて、笑顔で勝利宣言をしました。
長くてじょうぶな三本のロープは、ヨットの後部座席の下に、きちんと巻かれて結びつけられていました。そんなところにこんなものがあったなんて、スキッパーも気がつきませんでした。
プルンがヨットを岸に近づけているあいだに、キラリがアンカーロープを長いものにつけかえました。そしてロープの一方のはしをマストにくくりつけました。

プルンは風を帆にうけて流れをさかのぼったり、風をのがして出口のほうに船を流したりしながら、岸辺のじょうぶそうな木をさがしています。

「キラリ、あの枝」

プルンが目でしめす枝はあつらえたように水から突き出ていました。じょうぶそうです。ヨットがすうっとその枝に寄ると、キラリはすばやくかけたロープを、船乗り式のほどけない結びかたで、枝に結びつけました。もう一方のロープのはしはマストにくくりつけます。それからもう一本、ちがう木を見つけ、同じことをしました。

帆は風にまかせておいて、ロープをくり出していきます。ヨットは岸づたいに、だんだん出口に近づいていきます。すぐ下には水に沈んだ山の木が見えました。

「ふしぎなながめ……」

スミレさんがひとりごとのようにつぶやきました。

遠くに聞こえていた水の落ちる音がだんだん高まり、それがおおきくなると、一本目の枝に結んだほうのロープがぴんと張りつめました。二本目の枝に結んだロープは、まだすこしよゆうがあります。ヨットは止まっているはずですが、水の方が流れているせいで、波を切って進んでいるように思えます。

水の落ちるところまで、あと十メートルほど。その手前に、水をせきとめているものがあるはずです。けれど水面がひかって、水のなかは見えません。

「ここまできたけど、なにがつまっているのか、見えない」

「水のなかが、見えない」

ふたごががっかりした声をあげました。

「箱めがねがあればなあ」

と、スキッパーがいうと、ふたごがおおよろこびで声をそろえました。

「あるの！」

箱めがねというのは、木の箱の底にガラスがはまっているものです。ちょくせつ水中のものを見ると、水面に光が反射して見にくいのですが、箱めがねで見ると、はっきり見えます。だいぶ前にふたごとヨットに乗ったとき、それで水中をのぞいて遊んだのをスキッパーは思いだしたのですが、まさかまだヨットのなかにあるとは思いませんでした。

ふたごは船首のスペースからアンカーとロープをひきだすと、その奥から箱めがねをとりだしてきました。

まずプルンが見ました。

「なに？　これ」

つぎにキラリが見ました。

「こんなの見たことがない」

そのつぎはスミレさんでした。

「なにかしら……」

そしてようやくスキッパーの番になりました。

箱めがねのなかに見えるものは、はじめて見るものでした。透明な水のむこうに、まるい、おおきなものが、いくつもいくつもかさなりあっています。ひとつひとつがこのヨットの半分もあるだろうかというおおきさです。それが水に押されて、かたちをゆがめながらぎゅうぎゅうとつみかさなり、はさまりこんで、水の流れをせきとめているのです。

みんなが見おわってから、ふたごがつぶやきました。

「巨大なブドウ……？」

「水をいれた、巨大なふうせん……？」

スミレさんもなにかいいたそうだったのですが、なにも思いつけないようでした。かわりに、べつのことを口にしました。

「今朝のことなんだけど……、ガラスびんの家の窓から、水のなかに、ふたりの女の子を見たの」

――え？

とつぜんなにをいいだしたのかと、ふたごとスキッパーは、スミレさんの顔を見ました。

「ひとりは、あなたたちぐらいのおおきさで、もうひとりは子ウサギぐらいのおおきさ。あんな子たちを見たのははじめて。ポットさんも見たはずなんだけど、ほんとうのこととは思えないようで……。その女の子たちと、このまるいものは、なにか関係があるかしら……」

スキッパーは、どうしてそれをいままでわすれていたんだろう、と思いました。

「スミレさん。関係があるかないかわかりませんが、もしかすると、その子たちが、このまるいものがなにか教えてくれるかもしれません」
スキッパーまでなにをいいだすのだろうという顔で、ふたごはスキッパーを見ました。スキッパーは、ほおを赤くしてつづけました。
「その子たちはきっと、水の精です！　ひとりはユラの入り江の、ちいさいほうはたぶんアサヒの泉の」
「水の精！」
「あの、水の精！」
ふたごがおどろいていいました。
そうでした。以前ふたごとスキッパーは、この湖の西にあるユラの入り江で、水の精に会ったことがありました。アサヒの泉は、木の上の屋根裏部屋のすぐ近くにあって、スキッパーはそこの水の精と話をしたことがあるのです。すがたは見たことがありませんが、足を押されたり、肩に乗られたりしました。その感じで、子ウサギぐらいのおおきさだろうと思っていたのでした。

「いいなあ、スミレさん、水の精を見たなんて」
「いままでだまっていたなんて、ずるい」
スミレさんは、ただ目をまるくして肩をすくめるだけでした。いえ、ほんとうはびっくりしていたのです。ひとつは自分がそんなことをしゃべってしまったことに。もうひとつはスキッパーとふたごが、女の子のことをすんなり信じてくれたことに。さらにそれが水の精だとうけあってくれた、ということに。
「じゃあ、その、あのふたりは、あなたたちの……、知り合い、なの？」
スキッパーはうなずきました。ふたごは、
「わたしたち、アサヒの泉のほうは知らない」
「スキッパー、わたしたちにもだまっていて、ずるい」
と、口をとがらせました。
「あ、ああ、ごめん。またこんど話すから」
と、スキッパーがいうと、スミレさんが「あたしにも、話してちょうだい」といいました。スキッパーはうなずいて、つづけました。
「きっと、湖の水も泉の水も、森のなか全体にまざってしまったから、ふたりはどこにだっていけるんだ」
「で、その水の精が、このまるいものがなにか、教えてくれるかもしれないって？」
スミレさんは、まだ半分信じられないような調子で、もういちど箱めがねをのぞいていいました。
「水の精なら、知っているはず」
「だって、水のことだもの」
ふたごは、あたりまえのようにうけあいました。
そこで水の精を呼ぶことになりました。いままでに水の精を呼んだことなんてありません。けれ

ど、声が聞こえるところにいればきてくれるように思いました。
アサヒの泉の水の精の名前がアサヒなら、ユラの入り江の水の精の名前はユラでいいだろうということになりました。
「ユラー！」
「アサヒー！」
「ユラの入り江の水の精、ユラー！」
「アサヒの泉の水の精、アサヒー！」
ふたごは大声でさけびました。スキッパーも、せいいっぱいの声で呼びました。
「たすけてほしいんだー！」
三人が、いっしょうけんめいに水の精の名前を呼んでいると、とつぜんスミレさんが息をのみました。
のぞきこんでいた箱めがねの前をなにかがよこぎったのです。

ちょっと、それ、かしてくれない？

つぎの瞬間、左舷側の船べりに、なにかがザバッとあがってきました。ユラの入り江の水の精です。みんながおどろいてからだを動かしたのと、水の精が船べりに腕をかけたのとで、ヨットがおおきくゆれました。

――ほんとうに、きてくれた！

びっくりしたのと、うれしいのとで、スキッパーはただにこにこしてしまいました。最初に出会ったときよりも髪の毛が長くなっています。前のときにも、こうしてとつぜん船べりにあらわれたのでした。

「ひさしぶり、スキッパー。それから、クッキーにキャンデー。そして今朝あったスミレさん」

ユラの入り江の水の精がいうと、ふたごがいいました。

「あ、あ、あの、わたし、いまはクッキーじゃなく、プルン。よろしく」

「ええっと、わたし、いまはキャンデーじゃなく、キラリ。よろしく」

ユラの入り江の水の精はまゆをあげて、そうなの？という顔をしました。

「ど、どうして、あたしの名前を？」

水の精があらわれて、いちばんおどろいているように見えるスミレさんがたずねると、ユラの入り江の水の精はいったん沈み、両手でちいさな水の精を持ちあげ、船べりにすわらせました。水の精たちの髪の毛や服は、水からあがると、すっとかわくのがふしぎです。

「今朝、このアサヒにきいた」

アサヒははずかしそうにだまって、ちょっと頭をさげました。スキッパーだけにはすこし笑ってみせました。前に声だけで話したことがあったからです。

「や、やあ」

すがたを見たのははじめてですが、スキッパーも、すこし笑顔になりました。

スキッパーは、ふたごがプニョプニョタケを手に持っているのに気がつきました。気分を落ち着かせようとしているようです。スミレさんも、だまってしまいました。

三人とも、ちらちらスキッパーを見ます。

――水の精と話すのはスキッパーの役目でしょ、さあ話してちょうだい。

と、いっているようです。

スキッパーはかくごを決めました。

まず、ユラの入り江の水の精にこういいました。

「あのう、ユラって、呼んでもいい？」

ユラの入り江の水の精はうなずきました。

「じゃあ、ユラとアサヒ、出てきてくれて、ありがとう。ぼくたち、たすけてほしいことがあるんだ。湖の水がふえて、森のみんなはふだんのくらしができなくてこまっている。で、なんとかもとの湖にもどってもらいたいんだ。だから、ええっと、湖の水の出口にはさまっている、あのまるいものをとりのぞきたいんだけど、あれがいったいなんなのか、わからない。だから、まず、あれがなんなのか、教えてほしい」

「とりのぞく……」とくりかえして、ユラはちらりとアサヒを見てから、「あれは、生きもの」と、いいました。

「生きもの？」

思わずスキッパーもくりかえしてしまいました。

ふたごとスミレさんも顔を見あわせました。あんなにおおきな生きものが湖にいたなんて。

「クジラ？」

「ゾウ？」

ふたごは思わずいってしまいましたが、ユラはそれにはとりあわず、話しはじめました。

「十日ほど前の雨のときから水の出口には、おおきな木がひっかかっていた。でも水は流れていた。で、きのう、水がふえていくので、なにがつまったのかと出口を見にきたら、あれがいっぱいたまって、水をせきとめていた。よく見ると顔があった。話しかけたけど、通じなかった」
「水のなかの生きものじゃなかったってこと？」
スキッパーはたずねました。
「水のなかの生きものでも、つきあいがなければ、話せない」
アサヒがなにかいいたそうなようすでしたが、ユラがつづけました。
「わたしたちは水がふえてもへいきだ。湖が広がって、水が混じりあって、どこへでもいけるようになった」
そこでユラはアサヒを見て、「ね」と笑いあいました。
「あちこちにでかけ、わたしはアサヒと出会った。アサヒといっしょに、いろんなところ、およぎまわった。おたがいに知っていることを教えあった。
アサヒが水の出口につまっているものを見たいというのでつれていくと、アサヒはあのまるいもののことばが、カエルのことばに、似ているといった。わたしはカエルとつきあいがないので、わからなかった」

「ああ、アサヒの泉には、カエルがやってくることがあるから、アサヒにはカエルのことばがわかるんだ」
と、スキッパーがいうと、アサヒはこくこくうなずいた。
「その話をしていたとき、スキッパーたちに呼ばれた」
ユラは話を終えました。
スキッパーは、「どうすればいいと思う？」
という目で、ふたごとスミレさんを見ました。
「と、いうことは」
「と、いうことは」
ふたごが、プニョプニョタケを持っていないほうの手のひとさしゆびをたて、いいました。
「カエルだったら……」
「その生きものと話せるかも……」

スミレさんもひかえめにうなずいています。スキッパーも、そう思いました。
ユラはアサヒを見ました。アサヒはこくっとうなずきました。

ふたりの水の精がカエルをさがしにいくと、ヨットのなかはしずかになりました。流れ落ちる水の音と、へさきでたてる波の音だけが聞こえます。
「水の精……！」
と、スミレさんはつぶやきました。それからゆっくりと頭をふって、
「ちょっと、それ、かしてくれない？」
と、となりにいたキラリの手を指さしました。
キラリはプニョプニョタケをスミレさんにわた

しました。スミレさんはそれを両手でおにぎりをつくるようにやわらかくにぎり、かるくもみました。スミレさんの顔がゆっくりと、やわらかくなりました。

「ね？」

と、キラリがいいました。スミレさんはおだやかな顔のままうなずきました。

「たしかに……、おちつく……」

しばらくすると、ふたりの水の精がもどってきました。ユラは、スミレさんと同じかたちの手をしています。その手をひらくと、一匹のカエルがはいっていました。トノサマガエルのようです。カエルはヨットの船べりにすわったとたん、いやな目つきでふたごを見て、いいました。

「ぐごぎげらぎぃら、ぎらぐげぃらっぷ」

「そこのふたりに、いじめられたことがある」

アサヒがすぐにいいました。

「そういってるの？」

スキッパーがたずねると、アサヒがうなずきました。
ふたごがあわてていいました。
「悪気はなかった。ちょっとあそんでみたかっただけ」
「でも、わたしたちがわるかった。あやまる」
アサヒが通訳しました。
「がりぐげっぷ、げぐご、ぎぎぐらげ……。ぐげ、ごるげぇら、ぎゃぎぐ……」
キラリはスミレさんからプニョプニョタケを返してもらいました。こころが落ち着かなくなったのです。
「もう、しない」「ぐげぇ、ぎごん」
「ぜったいに、いじめない」「ぎがりんが、ぐぐげらっぷ」
ふたごがしつこくあやまったので、カエルはきげんをなおしました。
きげんをなおしたところで、スキッパーはカエルにいいました。
「ぼくはスキッパー。おねがいがあります。湖の水の出口にはさまっているまるい

ものに、なぜこんなところにはさまっているのか、たずねてほしいのです」

「げごぎずぎっぱー。ごぐげぇらぎぐざいが……」

アサヒのカエル語を聞いて、カエルはスキッパーに、おやゆびとひとさしゆびで丸をつくって、うなずきました。

ふたりの水の精はカエルをつれて、水のなかにもぐっていきました。スキッパーたちはかわるがわる箱めがねで水のなかのようすを見ました。

十メートルほどむこうの水のなかに、まるいものにもたれかかるようにしているふたりの水の精が見えます。その髪の毛や服がふるえるようにゆれています。水の流れが速いのでしょう。ユラが手のなかのカエルをさしだす先に、たしかに、まるいものの目と口が見えました。もともとそういう目なのか、弱っているのか、目は半分とじているように見えます。もちろん声は聞こえません。まるいものと水の精とカエルの、ことばのない動きだけの劇、パントマイムを見ているようです。

すぐにふたりの水の精とカエルはもどってきました。

「ぐらぎ、がらっぷ……」

カエルが説明しようとしましたが、アサヒがいいました。

「カエルのことばはまるいものに通じない。まるいもののことばは、サンショウウオのことばに似ているらしい」

スキッパーたちは顔を見あわせました。

「ごる、ぎぷらげぇ、げる。ざぎぐごぉる、ざぱ、げっぴらぁ、げる」

カエルがいうのを、アサヒが通訳しました。

「ぼくはイモリ語を話せて、ともだちのイモリは、サンショウウオ語を、話せる」

「するとつまり」スキッパーが整理しました。「あのまるいもののことばをイモリが聞いて、それをカエルに話して、カエルがアサヒに話すというわけ？」

「ぎら、げぇぐがいる、ざぱ。ざぱ、げぇぐがいる、ごる。ごる、げぇぐがいる……」

アサヒがスキッパーのことばをカエルにつたえると、カエルがスキッパーを見て、おやゆびとひとさしゆびで丸をつくって、うなずきました。

ふたりの水の精とカエルが、カエルのともだちのイモリをさがしにいくと、ヨットのなかは、ふたたび水の音だけになりました。

「なんだか、みょうにつかれるわね」とスミレさんは肩のこりをほぐすように、首を左右にたおしました。「ちょっと、それ、かしてくれない？」

スミレさんは、こんどはプルンにたのみました。

プルンはプニョプニョタケをスミレさんにわたしました。スミレさんは、それを両手でもみながら、空を見あげてふうっと息をつきました。

「でしょ？」

プルンがいうと、スミレさんはふかくうなずきました。
「あたしもひとつ、手もとにおくことにするわ。たくさんあるから」
「たくさんあるんだ」
プルンがいうと、スミレさんはすこし笑ってうなずきました。それから、たずねられないのに、こんなことを話しました。
「ずっと前に、あなたたちが水の精に出会ったって話したことがあったわね。おとなたちは本気にしなかった。あたしはあなたたちの味方もしなかったけど、ほんとうのことかもしれないって、思っていたの。……ほんとうにほんとうだったのね」

しばらく待つと、ふたりの水の精とカエルが、カエルのともだちのイモリをつれて帰ってきました。イモリも、カエルといっしょにユラの手のなかにはいっています。イモリはヨットにつくなり、いいました。
「けい、きっぴきゅーるきょ、きけぇくしーら」

カエルはアサヒに通訳しました。
「ざぱ、げぇぐがいる、ぐごぎげらぎぃら、ぎらぐげぃらっぷ」
アサヒはみんなにいいました。
「そこのふたりに、いじめられたことがある」
「もうしない！」と、プルンがいうと、
「ぐげぇ、ぎごん！」と、アサヒがカエルに、
「きゃみょーるしゅー！」と、カエルがイモリにいいました。
「ぜったいに、しない！」と、キラリがいうと、
「ぎがりんが、ぎごん！」とアサヒがカエルに
「きょるきゃぴー、しゅー！」とカエルがイモリにいいました。

ふたごはしつこくあやまって、アサヒとカエルも通訳をつきあってくれて、ようやくイモリはふたりをゆるしてくれました。プルンはスミレさんに、プニョプニョタケを返してもらって、気分を落ち着けました。

イモリがきげんをなおしたところで、スキッパーはイモリにたのみました。

「ぼくはスキッパー。おねがいがあります。湖の水の出口にはさまっているまるいものに、なぜはさまっているのか、たずねてほしいのです」

「げごぎずぎっぱー。ごぐげぇら……」と、アサヒがカエルに、

「きゅけきゅきっぱー。きょーきゅら……」と、カエルがイモリにいいました。

イモリはスキッパーを見て、おやゆびとひとさしゆびで丸をつくって、うなずきました。

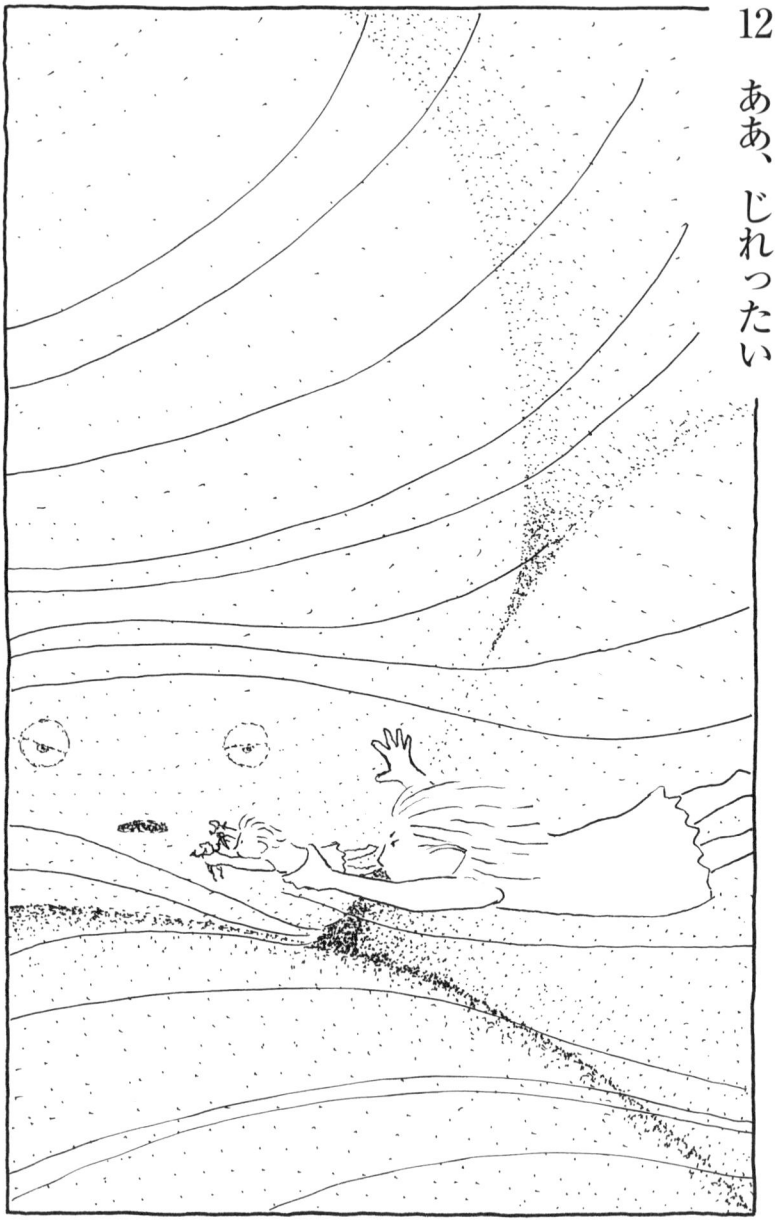

12

ああ、じれったい

ふたりの水の精とカエルとイモリが水のなかにもぐっていきました。

まるいものの顔のあたりで、ユラはアサヒの手にイモリとカエルをわたしました。イモリがまるいものとなにか話しているようです。つぎにイモリがカエルに話しています。さらにカエルがアサヒに話し、アサヒがユラに話すと、ユラはヨットにもどってきました。

「まるいものは、はさまりたくてはさまっているのではない、といっている」

もどってきたユラがそういいました。

「じゃあ、どうしてはさまっているの？　そんなにおおきなからだで、いままでどこでくらしていたの？　って、たずねてくれる？」

スキッパーがいうと、ユラはあっというまにアサヒたちのところに泳いでいきました。水の流れがそうなっているのでしょう。透明なすべり台でもすべっていくようです。

ユラがアサヒにむかって口を動かし、アサヒがカエルにむかって口を動かし、カエルがイモリにむかって口を動かし、イモリがまるいものにむかって口を動かし、まるいものがイモリにむかって口を動かし、イモリがカエルにむかって口を動かし、カエルがアサヒにむかって口を動かし、アサヒがユラにむかって口を動かします。すると、ううん……、とユラが考えて、またユラがアサヒにむかって口を動かし、アサヒがカエルにむかって口を動かし……。

「ああ……、なんだかじれったいわね」

と、箱めがねをのぞきながら、スミレさんがためいきをつきました。

ようやくユラがもどってきました。

「あのまるいものは、ときどき陸にあがるけど、ほとんど湖の底でくらしているんだって。もともとアサヒくらいのおおきさで、イモリのようなかたちをしていたっていってる」

それを聞いてスキッパーは「だから、サンショウウオのようなことばなんだ」と、つぶやき、ふたごは「もともとアサヒくらいのおおきさ……！」と、あきれました。

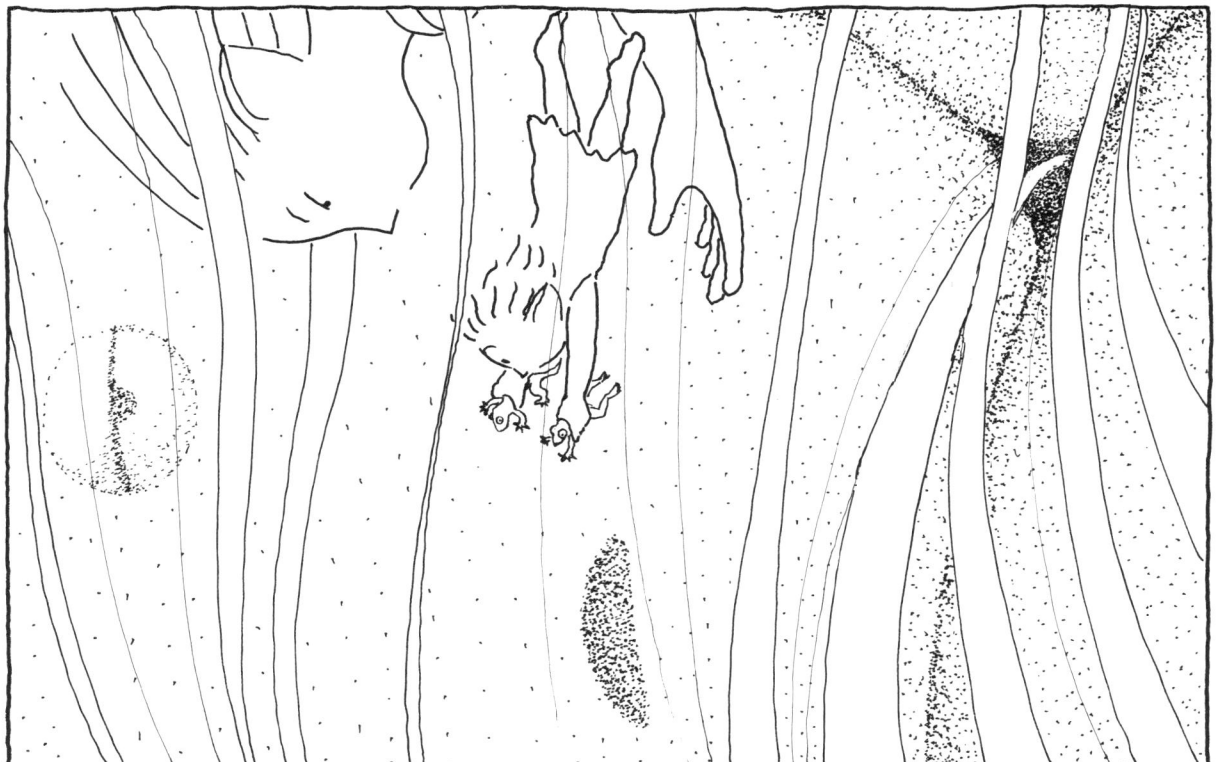

ユラはつづけました。
「なぜおおきくなったのか、たずねたら、食べるものがなくなったからおおきくなったって」
「食べるものがなくなれば、ちいさくなるはず」
「食べるものがなくなれば、ほそくなるはず」
ふたごが口をはさみました。ユラはちらっとふたごを見て、つづけました。
「食べるものがなくなったら、かわりに水をのむんだって。からだがゴムのようにのびるから、水をのめばのむほど、どんどんおおきくなるんだって。この五、六十日ほどずっと食べていないっていってる。からだがおおきくなったところに、湖の底からきゅうにたくさんの水がわきだしたから、流れにおされて、ここまできて、ひっかかって動けなくなったんだって」
「このままだったら、どうなるの？」
スキッパーがたずねました。ユラはすこしだまって、いいました。

「食べものがないままなら、水を、のんでのんでもうのみきれなくなって、はれつするだろうって」
「たいへん！」
「たいへん！」
ふたごが顔を見あわせました。
「でも、食べものがあればもとのからだにもどれるはずだって」
と、ユラがつけくわえると、
「その食べものって、いったいなんなの？」
スミレさんが、たずねました。そうだ、その食べものがあれば、とスキッパーも思いました。
「食べもの、ね」
ユラは水にはいると、すうっと流れるようにアサヒのところにいきました。
水のなかではおたがいの声が聞こえているのでしょうが、箱めがねで見ているものには、パントマイムにしか見えません。
アサヒがユラの口の動きを見、カエルがアサヒの口の動きを見、イモリがカエルの口の動きを見、まるいものがイモリの口の動きを見、まるいものがイモリにむかって口を動かし、イモリがカエルにむかって口を動かし、カエルがアサヒにむかって口を動かし、アサヒがユラにむかって口を動かし、そしてユラがもどってきました。
「プーリーポーリーだって。プーリーポーリーがなくなったんだって」
ユラがいうと、ヨットの上の全員がたずねました。
「プーリーポーリーって、なに？」
「どういうものなの？」
ユラは、そんなことをたずねられるとは思わなかった、という顔をしました。
「スキッパーたち、知っているかと思った」
「ユラは知っているの？」
スキッパーがたずねかえすと、ユラはだまって肩をすくめ、水にはいり、流れるように、アサヒのもとへいきました。
ユラからアサヒ、アサヒからカエル、カエルからイモリ、イモリからまるいものに質問がつたえられ……
「ああ、じれったい」
と、スミレさんがいうと、プルンはプニョプニョタケをスミレさんにわたしました。
まるいものからイモリ、イモリからカエル、カエルからアサヒ、アサヒからユラにこたえがつたえられ、ユラがもどってきます。
「おいしいものだって」
ユラのこたえに、そんなことはたずねていないだろう、とみんなはちからが抜けました。

「ああ、じれったいったらない」
プルンがいったので、プニョプニョタケはスミレさんからプルンにもどってきました。
スキッパーがいいました。
「あのね、ユラ、どんな食べものか聞いているんだ。どんなかたちをしているものか、虫かけものか、さかなか貝か、草か木の実か、どこにあるのか、水のなかか陸の上か、それがわかれば、ぼくたちがさがしてとってきてあげるって、いってよ」
ユラが水にもぐり、アサヒのところに一直線。ユラからアサヒ、アサヒからカエル、カエルからイモリ、イモリからまるいものに質問がつたえられ、まるいものからイモリ、イモリからカエル、カエルからアサヒ、アサヒからユラにこたえがつたえられ、ユラがもどってきます。
「親切はありがたいが、さんざんさがしたから、もうプーリーポーリーはないっていってる」

「それでも、それが、どんなかたちの……」
と、スキッパーがユラにいいかけたとき、
「ああ、もう、じれったいったら、じれったい！」
「もう、もう、じれったいったら、じれったい！」
と、プルンとキラリが腕をふりまわし、ふたりの腕がいきおいよくぶつかりました。
「あ！」

プルンがつかんでいたプニョプニョタケが、とぷんと水に落ちました。ひろおうとプルンは手をのばしましたが、あっというまに、プニョプニョタケは水の流れにひきこまれました。ユラはスキッパーとの話に気をとられていたので、反応がおくれました。追いましたが、追いつけません。プニョプニョタケはアサヒがいるところに、一直線に流れていきました。

ヨットの上では四人がぎゅうぎゅうになって、箱めがねをのぞきこみました。

半分とじられていたまるいものの目がカッとひらきました。そしてちいさかった口がクワッとひらきました。プニョプニョタケは、まるいものの口に、すいこまれていきました。

つぎの瞬間、まるいものは、すごいいきおいで、口から水をはきだしはじめました。同時にからだが縮んでいきます。

「ああっ！」

ふたごが声をあげました。

アサヒとユラがくるくるまわって飛ばされたのです。

スキッパーたちに見えたのはそこまでです。ヨットがゆれはじめました。まわりに、すごい速さで水が流れだしました。

よく見れば、水がむこうへ流れ落ちていた水面がさっきとちがいます。いまプニョプニョタケをのみこんだまるいもののいたところが、一段低くなって、葉のついた枝だけが突き出ていて、水がそこをめがけて流れこんでいくのです。

岸からつないだ一本目のロープが、マストとのあいだでびんびんにはりつめてい

ます。マストの結び目がギシギシ音をたてます。
「だいじょうぶ？」
スミレさんが腰をうかしかけました。
「立たないで！　いっしょにこれをひっぱって！」
プルンがいいながら、二本目のロープを、ひっぱりはじめました。スミレさんもだまっていわれたことをしました。
「スキッパー、舵をきって、船をもっと岸のほうへよせて！」
キラリがいいながら、帆に風をうけるように、ロープを調節しました。
スキッパーは、舵にかかる水の重さをはじめて知りました。
「もっといっしょうけんめい、ひっぱって！」
プルンがさけんで、
「ひっ、ぱっ、てる、わよ！」
スミレさんもさけびかえしています。

「腰をおとして、ふんばって！」
キラリもさけんでいます。
「ロープが切れたら、アンカーをほうりこんで！」
だれかの声、すごい波の音、すぐうしろの流れ落ちる水の音――。

あっというまのことだったかもしれません。でもスキッパーはずいぶん長い時間、流れとたたかっていたように思いました。
四人の協力で、ヨットは岸のほうへ、岸のほうへと近づいていきました。
どうやら、アンカーは使わないですんだようです。
「どういうこと……？」
と、キラリがいいました。
「あの、まるいものが、水をはきだした……？」
と、プルンがいいました。

「まるいものは、プニョプニョタケをのみこんだよね……」
と、スキッパーがいいました。
「と、いうことは、プーリーポーリーって……」
と、スミレさんがいいました。あとは四人の声がそろいました。
「プニョプニョタケ！」
スミレさんは目をとじて、マストにもたれました。
「なんてことでしょう……」
あの生きものの食べるものがなくなったのは、みんなが調子にのってプニョプニョタケを採りつくしてしまったからだったのです。そしてそのきっかけをつくったのは、スミレさんでした。
「これ、にぎる？」
キラリがプニョプニョタケをさしだしましたが、スミレさんは、ちからなく首をふりました。

そのとき、ザバッと船べりにユラとアサヒがもどってきました。アサヒはカエルとイモリをかかえています。

「無事だったんだ」

スキッパーがほっと息をつきました。

スミレさんはキラリにいいました。

「そのプニョプニョタケも、ユラさんにわたして、あのまるいもののところに持っていってもらったら？」

13 サラマンドラのぶんだから

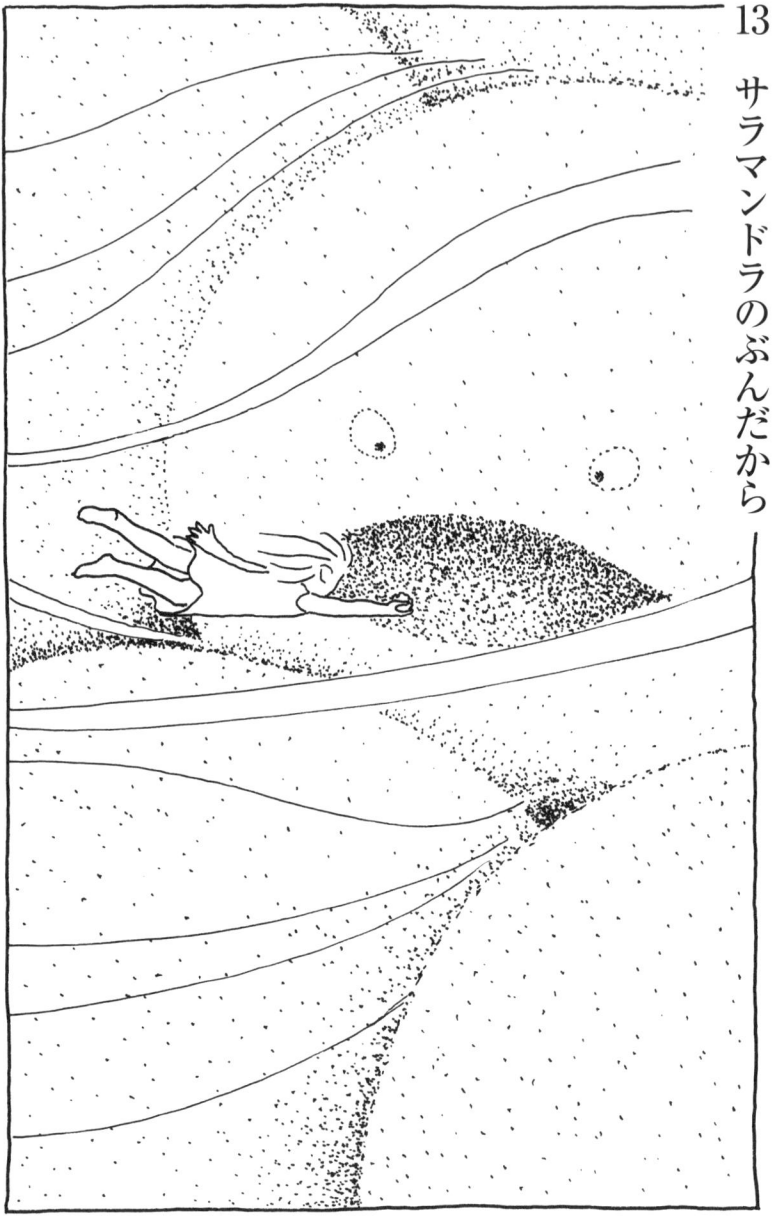

そのあと、ユラはもうひとつのプニョプニョタケを、べつのまるいもののところに持っていきました。そしてそのぶんだけ、水が流れるようになりました。まるいものがはきだす水で飛ばされるのがおもしろい、とユラはいいました。

スミレさんは、ヨットをガラスびんの家までやってくれとたのみました。家にあるプニョプニョタケをまるいものに返したい、というのです。

「ユラ、あのまるいものは、何頭くらいいるの？」

スキッパーがたずねると、ユラは目をとじてしばらく考え、

「わからない……。たぶん、二、三十頭……？　もっとかも……」

と、こたえました。

「そんなに……。あたしが持っているぶんだけじゃ、たりないかもしれない……」

スミレさんはまゆをよせました。

「それなら」と、プルンがいいました。「湯わかしの家にいけばいい」

「そう」と、キラリもいいました。「ふたつの樽にいっぱいつまってる」

とりあえず湯わかしの家のひと樽ぶんをあの生きものに返す、それでたりなければ、ほかのひとのぶんも返していく、というのでいいかなとスキッパーも思いました。

「じゃあ、湯わかしの家にいこう」と、スキッパーがいいました。「でも、その前に、ユラ、アサヒ、カエル、イモリ、もういちどおねがいがあるんだ。ちいさくなったあの生きものを、もし、きてくれるなら、ここにつれてきてくれない？　プニョプニョタケのこととか、たずねてみたいことがあるから」

アサヒはカエルに、カエルはイモリにわけを話し、カエルとイモリはおやゆびとひとさしゆびで丸をつくってうなずくと、そろって水のなかにはいっていきました。

しばらく待つと、ユラとアサヒとカエルとイモリが、ちいさくなった生きものをつれてもどってきました。あんなにおおきかったのに、ほんとうにアサヒくらいのおおきさです。サンショウウオのなかまのようです。おなかのあたりが、プニョプニョタケのかたちにふくれています。

全員をヨットに乗せて、ヨットは東の川にむかいました。
スキッパーはその生きものにむかっていいました。
「ぼくはスキッパーといいます。なんと呼んだらいいですか？」
アサヒがカエルにいいました。
「げごぎずぎっぱー。げ、ぐるっぽげるぽ？」
カエルがイモリにいいました。
「きゅけきゅきっぱー。き、きゅーるきぇきゅきょ？」
イモリがその生きものにいいました。
「ぎゃごぎじゅきっぱー。ぎゅ、ぎゅるっぺらっぺ？」
そのいきものがいいました。
「ぎゅらぎゃんぎゃら」
イモリがカエルにいいました。
「きゃらきゃんきゅら」

カエルがアサヒにいいました。
「がらがんごら」
アサヒはスキッパーにいいました。
「サラマンドラ」
このじれったい方法で、スキッパーたちは、サラマンドラについていくつかのことを知りました。
サラマンドラはプニョプニョタケしか食べないこと。
プニョプニョタケはなかなか消化しないらしく、ひと月にいちど、満月の夜に陸にあがって、ひとつだけ食べること。
サラマンドラには、陸にあるプニョプニョタケが、においでわかること。
そこまで聞いたとき、湯わかしの家の近くまできていました。
「きみたち、いまからいくところに、ギーコさん、トワイエさん、ポットさんというひとたちがいるんだけど、紹介してもいい？」

スキッパーがたずねました。
ユラはアサヒを見ました。アサヒはちょっと考えて、ちいさく首を横にふりました。ユラがいいました。
「アサヒはすがたをあらわしたくないみたいだから、わたしも消えている」
消えている、というところでスミレさんとふたごは顔を見あわせました。
「きみたちのことをあのひとたちに話すっていうのは、いい？」
「それは、しかたがない」といって、ユラはアサヒを見ました。「ね？」
アサヒはうなずきました。

湯わかしの家が見えるあたりで、前を見ているスキッパーが、「おや？」という顔をしたのに気づいて、ふたごがふりかえり、「あ」と、声をあげました。
湯わかしの家のまわりは、木から木へとロープが何本もかけられ、そこにシーツや毛布、カーテン、ショールなど、色とりどりの布がかけられていたのです。

玄関の扉はあいています。もうなにも流れ出ないようにかたづけられているようです。

「あたしが湯わかしの家に残って、どういうことがあったのか、三人に話しておきますから、あなたたちは」とスミレさんはユラとアサヒとサラマンドラたちにいいました。「プニョプニョタケの樽をひとつ見つけて、持ち出してちょうだい」

それからスキッパーとふたごにいいました。

「あとはたのんだわよ」

スミレさんのいったことがアサヒからカエル、イモリ、サラマンドラにつたわって、サラマンドラたちがおやゆびとひとさしゆびで丸をつくってうなずいてから、ユラとアサヒとサラマンドラたちが水にはいりました。水の精たちは、水のなかで、すうっとすがたを消しました。

ヨットは湯わかしの家の玄関に、うしろむきに進んでいきました。スキッパーのすわっているところからは、家のなかのようすがよく見えます。

ポットさんとギーコさんとトワイエさんは中二階の物置部屋にいました。ちょうどサンドイッチを食べているところです。

「やあ、調査隊が、もどってきましたね」

と、トワイエさんがいうと、ポットさんがつづけました。

「午前中にくらべると、ほんのすこし、水がへったんだ」

スミレさんは、「そうでしょうとも」と笑顔でうなずくと、いいました。

「あたしだけ、いったんここに上陸したいんだけど」

すぐにポットさんがゴムボートで、玄関にやってきました。さっきより、ずいぶんじょうずに操縦できるようになっています。

スミレさんがゴムボートに乗りうつるあいだに、サラマンドラを先頭にイモリとカエルのすがたが、地下室のなかへと消えていくのが、スキッパーには見えました。水の精もいっしょのはずです。

スミレさんがゴムボートに乗りうつったとき、

「あ、スミレさんのサンドイッチとお茶……」
と、ふたごがスミレさんのぶんをバスケットから出して、手わたしました。
「じゃあ、あとでむかえにきてちょうだいね」
といったスミレさんは、いいなおしました。
「ああ、でも、船ではむかえにこられないかもしれないわね」
「どうして？」
と、ポットさんがたずねました。
「水がひいているかもしれませんからね」
と、スミレさんがいったとき、地下室から樽がひとつ、ぽかっと浮きあがりました。
「おや……？」
と、ポットさんがいうのと、ふたごが、
「じゃ、これで」
と、オールを水にいれるのが、いっしょでした。

ポットさんはゴムボートを樽のほうによせようとしました。ところが、樽はヨットのあとを追うようにゆらゆらと玄関を出ていきます。追いかけようとするポットさんを、スミレさんがとめました。

「いいの。あれは、サラマンドラのぶんだから」

「え？」

ポットさんは、ふしぎそうにスミレさんの顔と、ヨットのあとをぷかぷかとついていく樽を見くらべました。

スミレさんは、ヨットのスキッパーたちにいいました。

「あのひとたちに、おれいを、それからサラマンドラたちにはおわびをつたえてね」

「あのひとたち？　サラ……？」

「おれいとおわび？」

ポットさんだけでなく、家のなかのトワイエさんたちも声をあげました。

「さあ、いまからあたしがする話を、あなたたちは信じられるかしら」

と、いっているスミレさんの声が、ヨットのスキッパーたちに聞こえました。

樽を押しているのはユラとアサヒ、樽に乗っているのはカエルとイモリとサラマンドラです。

湯わかしの家が見えなくなったところで、水の精はすがたをあらわし、みんなでちからをあわせて樽をヨットに引き上げました。それから水のなかにいたみんながヨットに乗りこみました。

サラマンドラがイモリになにかいいました。イモリがカエルに、カエルがアサヒにと、つぎつぎに話して、アサヒがスキッパーにいいました。

「どうしてこんなことになったのか、説明してほしい、ってサラマンドラがいってる」

もっともなことだ、とスキッパーはうなずきました。そこで、スミレさんがプーリーポーリーの食べ方を見つけてみんなに教えたことを、かんたんにつたえました。

ふたごがつづけました。

「そのあと、みんながプニョプニョタケを料理するようになった」

「とてもおいしかったので、みんなプニョプニョタケを採りにいった」
「みんな、夢中になって、採った」
話しているうちにスキッパーは、いつもなら全部採ってしまうなんてしないのに、あたらしく食べられるおいしいもの、ということで夢中になってしまった……、バーバさんがいっていたとおりになってしまった。なんだか、はずかしいな……、と思いました。
「そういうことだったんだけど、めいわくをかけて、ごめんなさい」
と、スキッパーはサラマンドラにあやまりました。ことばがつたわるとサラマンドラは、
「ぎょぎゅらぎゅーらがぎゅーら、がぺ」
といいました。イモリ、カエル、アサヒとことばがもどってきて、
「ぼくたちのぶんを返してくれるのなら、いい」
と、アサヒがつたえてくれました。

湖の水の出口からすこしはなれたところで、前のように岸の枝からヨットを二本のロープでつなぎ、ユラに、樽のプニョプニョタケをふたつずつ、ふくれあがったサラマンドラに持っていってもらいました。

大量の水が流れていきますが、ヨットは前よりずっと岸に近いところに止めているので、危険はないようです。

ユラが二回プニョプニョタケをはこんだときに、スキッパーはつぶやきました。

「いったい、何匹のサラマンドラがかさなっているんだろう」

つまり、いくつのプニョプニョタケが必要なのだろうか、と思ったのです。が、プルンが逆のことをこたえました。

「プニョプニョタケの数でわかる」

「なるほど」

スキッパーは感心しました。キラリがいいました。

「ヨットにあった二個といまの四個で、いまは六個」

キラリはヨットのすみからメモ用紙のきれはしと、ちびた鉛筆をとってきました。
「これで記録しよう」
「役に立った」
と、プルンがうなずきました。そこで、ふたりは声をそろえていいました。
「いま、スミレさんがいなくて残念」
ユラはなんどもプニョプニョタケをはこびました。ふたごはそのたびに、記録しました。
スキッパーはアサヒたちを通してサラマンドラに、ひと月にいちどプーリーポーリーを食べるのは、一年中のことなのかたずねました。するとサラマンドラは、あたたかくなって雨がつづくころから寒くなって雪がふるころまで食べる、とこたえました。
その日は、四十八個のプニョプニョタケが必要でした。ですから、湖の水の出口には、四十八匹のサラマンドラがかさなっていたことがわかりました。

湖の水位が下がってくると、水の出口に、枝を張って葉をつけたままのおおきな木がつかえているのが見えてきました。この出口にむかって、森全体に広がっていた水がもどってくるので、すごい流れです。その流れのいきおいで、おおきな木の枝が音をたてて折れ、それをきっかけに、つかえていたおおきな木がゆっくりと下流へ流れていきました。見通しのよくなった水の出口に、いきおいを増した水が流れこんでいきます。

なにしろ水はたっぷりあります。すぐにもとの湖にもどる、というわけにはいかないようです。

スキッパーとふたごは流れる水を見ながら、サンドイッチを食べ、お茶をのみました。お茶はハ

ーブティでした。ほかのみんなにもすすめてみましたが、ユラとアサヒとサラマンドラは、いらない、といいました。カエルとイモリは、サンドイッチのかけらをほんのすこし食べました。

水の流れが弱くなったのは、その日のゆうがたです。

ヨットを動かすまえに、ユラとアサヒとカエルとイモリ、そしてサラマンドラとは、わかれました。スキッパーたちは、それぞれに、おれいとおわびをていねいにいいました。

もちろん、湯わかしの家には、もうヨットではいけませんでした。

14 それからあとのこと

湯わかしの家とギーコさんの作業小屋のかたづけは、みんなで手伝いました。
ですから、昼食はサンドイッチなどのお弁当、夕食はガラスびんの家でいっしょに、という日がつづきました。
食事中の話題は、どうしても水につかった森の話になりました。
あんなことがあった、こんなことがあった、と話すなかで、トワイエさんが、だれにたずねるともなく、いいました。
「それにしても、いったい、どういうわけで、地面から水が、その、湧いてきたんでしょうね」
どういうわけで——。みんな、すこしだまりました。
「地面の下でなにかがあったんだろうけど……」と、ポットさんがいいました。
「うちの地下二階がまた冷凍庫として使えるようになったんだ。だから地下でなにかがあって、それがもとにもどったんじゃないかな……」
みんなはあいまいにうなずきました。

「わかっているのは、水が湧いたのは、なにが原因だったのか、わからないってことよ」スミレさんが遠くを見る目でいいました。「いままでだって、大雨や日照りつづきや、とつぜんの強い風や、あたしたちにはほんとうの原因がわからないことがいっぱいおこって、そのなかでくらしてきたような気がする」

そのとおりだなあ、とスキッパーは思いました。

「わかっているのは」と、ギーコさんもいいました。「湖の出口がつまった原因をつくったのは、ぼくたちだったってことだな」

「わたしが料理法を見つけたばっかりに……」

と、スミレさんが肩をおとしました。するとトワイエさんが、

「いや、料理法を見つけるのは、ええ、すばらしいことです。文化です」

と、なぐさめ、ポットさんはこういいました。

「あれはけっきょく、調子にのっていたんだなあ。夢のようなキノコの味に目がくらんで、舞いあがっていたんだ」

トマトさんはこういいました。

「あんなにたくさん採ってためこまなくても、必要なときに、必要なぶんだけ採ればよかった。ううん、プニョプニョタケのことだけじゃないのよ。わたし、必要以上にためこんでいたものを水にぬらして、たくさんのものをだめにして、そう気づいたの。
だって、ここは森なのよ。季節ごとにいろんなものを用意してくれるこそあどの森よ……。たくさんためこむと安心するように思っていたけれど、それは、森が用意してくれたものをむだにすることだったのね」
トワイエさんがうなずきながらいいました。
「水が湧き出たわけは、その、わからない、と。自然というものは、んん、ぼくたちには、はかりしれない秘密を、いっぱいかくしている、ということですね……。
で、その自然がかくしている秘密は、長い長い時間のなかで、バランスがとれるように、ええ、できあがってきたわけですから、ヒトがきゅうに、なにかひとつのものを採りすぎたり、使いすぎたりすると、そのバランスをくずしてしまう……。
そういうことが、その、今回、わかったわけですね。うん、そうだ。ぼくは、そういうことを織りこんだ物語を書こうと、そう、思いますよ」

つぎの満月が近づいたある日、スミレさんからスキッパーとふたごに、うれしいおさそいがありました。夜、湖の岸にプニョプニョタケを食べにやってくるサラマンドラを見にいきませんか、というおさそいです。

もちろん、スキッパーもふたごも、おおよろこびでいくことにしました。

「子どもたちだけで、夜の湖に、かってに見にいくといけないから」とスミレさんはいいましたが、ほんとうはスミレさんも見たかったのです。ギーコさんも「心配だから」とついていくことになりましたが、ギーコさんだって、見たかったにちがいありません。

満月の夜、サラマンドラに返すために、あちこちの岸辺にプニョプニョタケをおきました。そして、スキッパーとふたごとスミレさんとギーコさんは、待ちかまえていました。

キラリがおおきなあくびをしたとき、湖からサラマンドラがあがってきました。あの日のサラマンドラよりすこしちいさいので、べつのサラマンドラでしょう。

サラマンドラはプニョプニョタケにゆっくり近づくと、大きな口をゆるゆるとあけ、自分のからだほどもありそうなプニョプニョタケを、そのまま、のみこみました。胴体に浮きあがったプニョプニョタケのかたちがおなかのほうへ移動していきます。そして、まるでそれが押し出したようにフンをしてから、湖にもどっていきました。

その夜、スキッパーとふたごは、ガラスびんの家に泊めてもらいました。

ふたごは、プニョプニョタケのことで、ちょっと変わったことがあります。それは、お菓子をつくるときに、森で手にはいるもので、いままで使わなかったものを、いろいろためしてみるようになったことです。もちろん、必要なぶんだけ採ることにしています。いちどおなかをこわしました。でもそのあとは、トマトさんかスミレさんに、食べてもいいものかどうかをたずねるようにしています。

バーバさんは、プニョプニョタケを採りすぎることを、最初から心配していました。そういうことがわかるなんて、科学者ってすごい、とスキッパーは感心しました。

その気持ちをこめて、スキッパーは西の島にいるバーバさんに、こんどのことを手紙に書きました。

何日かして、返事がきました。

たいへんなことがあったのですね。でも、みんな無事でよかった。

わたしは、いまの研究がおわったら、つぎはこそあどの森のことをしらべてみようと思っています。

水の森になった理由、サラマンドラのくらしぶり、プニョプニョタケの生きかた……。わかっていないことがいっぱいあるって、わくわくしますね。

ひとつのものを採りすぎると、全体がだめになる――。
それは、こそあどの森だけのことではないのです。きっと。
この森でおこったことは、
その森でもおこるでしょうし、
あの森でおこったことは、
どの森でもおこるのですから。
では、早くこそあどの森に帰れますように。

十一月三日　ワライ島にて　バーバより

バーバさんは十二月になる前に、こそあどの森に帰ってきました。
スキッパーはサラマンドラのフンのかけらをとっておいたので、バーバさんにしらべてもらいました。顕微鏡を使ってしらべると、フンのなかにプニョプニョタケの胞子が、いくつも見つかりました。

プニョプニョタケは、あんなにじょうぶなゴムのようなからだなのに、どうして胞子をとばせるのか、スキッパーはふしぎに思っていたので、そうだったのか、と感心してしまいました。

サラマンドラはプニョプニョタケを食べていのちをつなぎ、プニョプニョタケはサラマンドラに食べられて、胞子をまくことができているらしいのです。

長い時間のなかで、なにかとなにかがつながって、バランスをとりながら、森や湖が、いや世界が、できているんだなあ、そして、まだまだわかっていないこと、秘密がいっぱいあるんだ、と思いました。

スキッパーはいま、アサヒにてつだってもらって、カエル語の勉強をしています。カエル語がなんとかなれば、イモリ語、サンショウウオ語へとすすみたいと思っています。

そしていつか、いろんなことばがわかって、いろんな動物と話し合えるようになって、そこでわかったことについて考えたり、みんなに伝えたりすることができるひとになりたいなと思っているのです。

ウニマルの甲板に立つと、こそあどの森は、きょうも、いい風がふいています。遠くでふたごの声が聞こえます。もうすぐここにくるでしょう。

（おしまい）

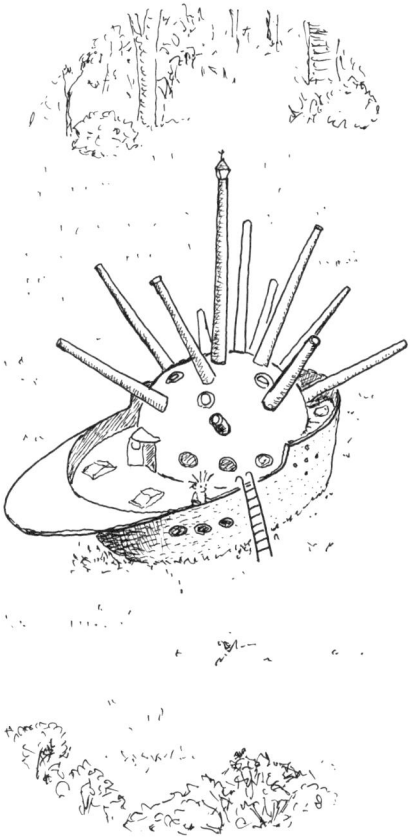

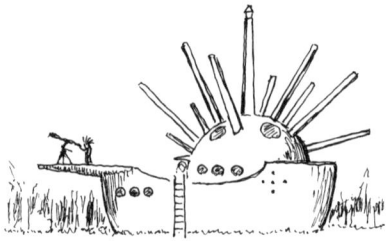

岡田 淳（おかだ・じゅん）
1947年兵庫県に生まれる。神戸大学教育学部美術科を卒業後、
38年間小学校の図工教師をつとめる。
1979年『ムンジャクンジュは毛虫じゃない』で作家デビュー。
その後、『放課後の時間割』（1981年日本児童文学者協会新人賞）
『雨やどりはすべり台の下で』（1984年産経児童出版文化賞）
『学校ウサギをつかまえろ』（1987年日本児童文学者協会賞）
『扉のむこうの物語』（1988年赤い鳥文学賞）
『星モグラサンジの伝説』（1991年産経児童出版文化賞推薦）
『こそあどの森の物語』（1～3の3作品で1995年野間児童文芸賞、
1998年国際アンデルセン賞オナーリスト選定）
『願いのかなうまがり角』（2013年産経児童出版文化賞フジテレビ賞）
など数多くの受賞作を生みだしている。
他に『ようこそ、おまけの時間に』『二分間の冒険』『びりっかすの神さま』『選ばなかった冒険』『竜退治の騎士になる方法』『きかせたがりやの魔女』『森の石と空飛ぶ船』、絵本『ネコとクラリネットふき』『ヤマダさんの庭』、マンガ集『プロフェッサーPの研究室』『人類やりなおし装置』、エッセイ集『図工準備室の窓から』などがある。

こそあどの森の物語⑫
水の森の秘密

作　者　岡田 淳
発行者　内田克幸
編集人　岸井美恵子
発行所　株式会社 理論社
〒101-0062　東京都千代田区神田駿河台2-5
電話　営業 03-6264-8890　編集 03-6264-8891
URL　https://www.rironsha.com

2017年2月初版
2022年6月第4刷発行

装幀　はたこうしろう
編集　松田素子
本文組　アジュール
印刷・製本　中央精版印刷

©2017 Jun Okada, Printed in Japan
ISBN978-4-652-20192-3　NDC913　A5判　22cm　221p

落丁・乱丁本は送料小社負担にてお取り替え致します。
本書の無断複製（コピー、スキャン、デジタル化等）は著作権法の例外を除き禁じられています。
私的利用を目的とする場合でも、代行業者等の第三者に依頼してスキャンやデジタル化することは認められておりません。

岡田 淳の本

「こそあどの森の物語」 ●野間児童文芸賞 ●国際アンデルセン賞オナーリスト

～どこにあるかわからない“こそあどの森”は、かわったひとたちが住むふしぎな森～

①ふしぎな木の実の料理法
スキッパーのもとに届いた固い固い“ポアポア”の実。その料理法は…。

②まよなかの魔女の秘密
あらしのよく朝、スキッパーは森のおくで珍種のフクロウをつかまえました。

③森のなかの海賊船
むかし、こそあどの森に海賊がいた？　かくされた宝の見つけかたは…。

④ユメミザクラの木の下で
スキッパーが森で会った友だちが、あそぶうちにいなくなってしまいました。

⑤ミュージカルスパイス
伝説の草カタカズラ。それをのんだ人はみな陽気に歌いはじめるのです…。

⑥はじまりの樹の神話
ふしぎなキツネに導かれ少女を助けたスキッパー。森に太古の時間がきます…。

⑦だれかののぞむもの
こそあどの人たちに、バーバさんから「フー」についての手紙が届きました。

⑧ぬまばあさんのうた
湖の対岸のなぞの光。確かめに行ったスキッパーとふたごが見つけたものは？

⑨あかりの木の魔法
こそあどの湖に怪獣を探しにやって来た学者のイツカ。相棒はカワウソ…？

⑩霧の森となぞの声
ふしぎな歌声に導かれ森の奥へ。声にひきこまれ穴に落ちたスキッパー…。

⑪水の精とふしぎなカヌー
るすの部屋にだれかいる…？　川を流れて来た小さなカヌーの持ち主は…？

⑫水の森の秘密
森じゅうが水びたしに……原因を調べに行ったスキッパーたちが会ったのは…？

Another Story

こそあどの森のおとなたちが子どもだったころ
みんなどんな子どもだったんだろう？　5人のおとなそれぞれが語る5つの話。

扉のむこうの物語 ●赤い鳥文学賞
学校の倉庫から行也が迷いこんだ世界は空間も時間もねじれていた…。

星モグラ サンジの伝説 ●産経児童出版文化賞推薦
人間のことばをしゃべるモグラが語る、空をとび水にもぐる英雄サンジの物語。

こぞねどの森
ギーコさんとスミレさんの
ガラスびんの家
ギーコさんの作業小屋
湖に流れこむ
北の川
サクラのある窪地
トワイエさんの
木の上の屋根裏部屋
アサヒの泉
ウサギ広場
膀掛石の川辺
ポットさんが
魔女にあったところ
ポットさんとトマトさんの
湯わかしの家
郵便配達の
ドーモさんが
やってくる道
トワイエさんが キツネと
語りあったところ